THE BURNOUT FIX
Overcome Overwhelm, Beat Busy, and Sustain Success in the New World of Work

你的职业脉搏稳定吗？

［美］杰辛塔·M. 吉门内斯 著
(Jacinta M. Jiménez)

庞志民 译

中国科学技术出版社
·北 京·

Jacinta M. Jiménez

The Burnout Fix: Overcome Overwhelm, Beat Busy, and Sustain Success in the New World of Work
978-1-260-46457-3
Copyright ©2021 by McGraw-Hill Education.
All Rights reserved. No part of this publication may be reproduced or transmitted in any form or by any means, electronic or mechanical, including without limitation photocopying, recording, taping, or any database, information or retrieval system, without the prior written permission of the publisher.
This authorized Chinese translation edition is jointly published by McGraw-Hill Education and China Science and Technology Press Co. Ltd. This edition is authorized for sale in the People's Republic of China only, excluding Hong Kong, Macao SAR and Taiwan.
Translation Copyright © 2022 by McGraw-Hill Education and China Science and Technology Press Co. Ltd.
版权所有。未经出版人事先书面许可，对本出版物的任何部分不得以任何方式或途径复制传播，包括但不限于复印、录制、录音，或通过任何数据库、信息或可检索的系统。
本授权中文简体字翻译版由麦格劳−希尔教育出版公司和中国科学技术出版社合作出版。此版本经授权仅限在中华人民共和国境内（不包括香港特别行政区、澳门特别行政区和台湾）销售。
翻译版权 ©2022 由麦格劳−希尔教育出版公司与中国科学技术出版社所有。
本书封面贴有 McGraw-Hill Education 公司防伪标签，无标签者不得销售。
北京市版权局著作权合同登记 图字 01−2022−0721。

图书在版编目（CIP）数据

你的职业脉搏稳定吗？/（美）杰辛塔·M.吉门内斯著；庞志民译. — 北京：中国科学技术出版社，2023.2

书名原文：The Burnout Fix: Overcome Overwhelm, Beat Busy, and Sustain Success in the New World of Work

ISBN 978-7-5046-9779-0

Ⅰ. ①你… Ⅱ. ①杰… ②庞… Ⅲ. ①成功心理—通俗读物 Ⅳ. ① B848.4-49

中国版本图书馆 CIP 数据核字（2022）第 158732 号

策划编辑	杜凡如 方 理	责任编辑	刘 畅
封面设计	今亮后声·张张玉	版式设计	蚂蚁设计
责任校对	邓雪梅	责任印制	李晓霖

出　　版	中国科学技术出版社
发　　行	中国科学技术出版社有限公司发行部
地　　址	北京市海淀区中关村南大街 16 号
邮　　编	100081
发行电话	010-62173865
传　　真	010-62173081
网　　址	http://www.cspbooks.com.cn

开　　本	710mm × 1000mm 1/16
字　　数	209 千字
印　　张	15.5
版　　次	2023 年 2 月第 1 版
印　　次	2023 年 2 月第 1 次印刷
印　　刷	大厂回族自治县彩虹印刷有限公司
书　　号	ISBN 978-7-5046-9779-0/B·109
定　　价	69.00 元

（凡购买本社图书，如有缺页、倒页、脱页者，本社发行部负责调换）

献给祖母玛丽。

你的来信一直指引着我坚持自己的准则。

目录

引言 / 001

我的故事 / 001

不断变化的工作世界 / 006

抓住问题核心 / 010

职业倦怠的现实状况 / 012

我为什么想写这本书 / 014

本书如何使你获益 / 016

第一章 行为节奏 / 019

难以完成的攀登 / 020

"奇才天生"的迷思 / 022

行为节奏 / 024

疲劳之轮 / 026

控制疲劳之轮：行为节奏的三个"P" / 031

将行为节奏的三个"P"结合起来 / 040

延伸螺旋线 / 043

新的工作世界中的行为节奏 / 045

⊙ 行为节奏提示 / 047

第二章　整理思维 / 049

注重医疗 / 050

"心理韧性"的迷思 / 052

怦然心动的思维整理魔法 / 054

缺乏觉察的危险性 / 056

消除螺旋式下降思维：整理思维的三个"C" / 061

将整理思维的三个"C"结合起来 / 073

留意自己头脑所思 / 078

◉ 整理思维提示 / 080

第三章　充分利用闲暇时间 / 083

即使亿万富翁也需要适当休息 / 084

"马不停蹄"的迷思 / 086

充分利用闲暇时间 / 088

忙碌的消极面 / 092

学会暂停：充分利用闲暇时间的三个"S" / 096

将充分利用闲暇时间的三个"S"结合起来 / 116

◉ 其他充分利用闲暇时间的技巧 / 121

第四章　获得支持 / 123

1小时59分的马拉松 / 124

"单打独斗"的迷思 / 125

众行者远 / 127

单干的危险性 / 133

建立连接：获得支持的三个"B" / 137

将获得支持的三个"B"结合起来 / 161

◉ 在新的工作世界中获得支持 / 163

第五章　评估努力 / 165

目标明确的飞行员 / 166

"多多益善"的迷思 / 168

少即是多 / 170

忽视评估自己努力的消极结果 / 173

持续努力：评估努力的三个"E" / 175

将评估努力的三个"E"结合起来 / 203

◉ 在新的工作世界中评估努力 / 205

第六章　稳定脉搏之路 / 207

将脉搏能力结合起来：你的恢复力工具箱 / 208

第七章　拥有稳定脉搏的团队与组织 / 215

建立恢复力强的工作场所与团队 / 216

你的职业脉搏稳定吗?

稳定脉搏领导力的核心要素 / 220

领导者能做什么 / 222

组织能做些什么 / 234

致谢 / 237

引言

生命的律动是一种强有力的节奏。

——小萨米·戴维斯（Sammy Davis Jr.）

● 我的故事

哥哥的生理脉搏

"赶快订机票，马上飞往纽波特海滩！"妈妈的声音急促而有力。

"什么？我没明白你的意思。"我说。

"飞机刚着陆，救护车把你哥拉走了，现在在霍格医院。赶快给你和你爸订票。剩下的时间也许不多了，你哥病得很厉害，他的心脏正在衰竭。"

我们的谈话简短、直接、明确。我记得挂断电话时，我的心在胸口疯狂地跳动。震惊铺天盖地而来，我根本没来得及从精神上或情感上接受所发生的事情。接下来的几个小时变成了一系列杂乱无章的记忆。我隐约记得我上网，订下一航班的机票，给父亲打电话，和他协商在机场碰面。"别忘了，在西南航空公司1号航站楼等我。"我叮嘱。不知不觉，我们已经到达了机场。

我对于那一天的下一个清晰的记忆是，我和父母肩并肩站一起，我站在他们中间。身穿白大褂、蓝眼睛里透着几分善意的高个子医生在讲话，我们聚精会神地抬头看着他。当他说出"有45%的可能性熬过这一夜"这句话时，我的

> 你的职业脉搏稳定吗？

耳朵开始嗡嗡作响，我清楚地感觉自己的心脏在胸口狂跳。

那天之后的事我记不起太多了。终于，护士允许我们进入重症监护室探视哥哥。一方面，我非常想看见他；另一方面，我又很害怕看到标有"注意"与"心血管重症监护室"字样的门后的场景。当我洗手并按要求戴上手套与口罩时，我尽最大的努力为自己打气加油，我低声对自己说道："上帝，请让他的脉搏为我平稳下来吧。"当我穿过重重大门，我看到哥哥被无数医疗器械、屏幕、静脉输液架与机器所包围。各种绳子与管子像古迹上覆盖的藤蔓，布满了墙壁，填满了房间。他就在那里——我的哥哥，一个独立且有自由思想的灵魂，现在几乎无法维持生命。他才二十几岁，但他已经失去了生机与活力，不再完全是他自己——他的生理脉搏太弱了。

荒谬的是，生活能够莫名其妙地就把你的世界搞得天翻地覆。就在不到24小时前，我还坐在一家书店咖啡馆里，在自己的电脑上敲字。我开始写自己的博士论文开题报告，而且感觉写好这个报告很有压力。由于斯坦福大学医学院成人精神科的主任担任我的论文导师，我患上了严重的冒充者综合征[①]（而且还远不止于此）。而此刻，我却坐在医院的候诊室里，等待哥哥的命运，我看到父母因担忧而崩溃。这是我一生中最为漫长的一夜。

我的个人脉搏

我哥哥奇迹般地挺过了这一夜。下一夜，他同样挺过去了。接着，他挺过了一夜又一夜。

我们别无选择，只能暂时过一天算一天。在这几天时间里，"蓝色代码"警报会不时响起，然后护士们会急忙把我们请出病房。最终，哥哥还是坚持住

[①] 指对自我能力的否定倾向。——编者注

了。我会永远感谢那些医生与护士，他们孜孜不倦地工作来维持我哥哥生命的同时，又细心地对待我们。哥哥在心血管重症监护室待了很多天，直至最终医生团队确定他病情稳定下来，足以进行手术。之后，他又经历了一段很长的恢复期，直到心脏和身体强健，才出院回家。而对于我们全家来说，事情变得更复杂了。

生活与工作发生了冲突：我的父母开办了一家课外学习培训班，需要照看许多孩子。如果他们停止工作，就没有了任何收入，难以支付哥哥的医药费。我们需要齐心协力来照看我的哥哥，我负责统筹，因为虽然我没有攻读医学学位，却是家里的"半个"医生。我开始协调和照顾哥哥。

我一直是全优，成绩良好的学生，也希望成为家庭的英雄。我十分想帮助父母，他们几乎无法应付儿子生病的压力。我总是雄心勃勃，绝对不允许自己推迟完成学位论文。毫不夸张地说，我出身卑微。我的外祖父母只接受过八年级的教育，而我的父系家族是来自墨西哥的农业季节工人，同样在贫困之中长大。我要实现自己梦寐以求的目标：成为在美国获得心理学博士学位的极少数西班牙裔学生之一！我想让家人以我为荣，并向自己证明：只要你足够努力，一切皆有可能。

我是说"一分耕耘，一分收获"，能理解吧？

我的计划似乎很简单：一边继续自己的专业，行为医学，实习轮换，一边继续撰写自己的论文，同时协助照看哥哥，包括周末有空时坐飞机到哥哥身边。我所要做的就是更加努力，做更多的工作。

于是，我缩短了自己的睡眠时间，压缩了社交时间，减少了锻炼，而增加了工作时间。我认为这些都是暂时的，进而为这些取舍找到合适理由：一旦哥哥的健康状况好转，我就会回到自己正常的轨道上来。

起初，除了在医院自助餐厅吃感恩节晚餐这种例外，一切似乎都进行得很顺利。我完成了自己的论文，并确定了最后的答辩日期。但是，随着时间慢慢流逝，我开始感到不知所措，最终发现自己处于筋疲力尽的状态。对于之前充满热情与活力的事物，我现在基本上只是敷衍了事。我不再开玩笑，也不再和同事们一起在大厅走廊的饮水机旁闲聊。过去，我起床后通常精神焕发，准备开始新的一天，但如今感觉更像是在进行内心的意志较量。我担心我的坚持会让我无力完成研究生学业，所以我强迫自己来承担这些属于自己的挑战。我将自己的不适归因于：我只是在工作中更加努力，而不是更灵活——因此接下来我只需要在工作中更灵活。我优化了自己的日程表，通过提高工作效率的技巧实现产出最大化。同时，我不断更新自己日益增多的待办事项清单，还会同时进行一些重要的任务，例如，在打扫房间的时候听有声书。我取消了自己认为对实现目标不重要的所有事情，例如参加研究小组与社会实践，同时我还制定了可复制的工作与研究守则。

尽管我已倾尽全力，事情却似乎变得更糟糕。我开始注意到，自己变得更容易和亲朋好友生气。同时，我发现轮到我照顾哥哥时，我会盯着钟表发呆，而过去我会很积极地投入。不久，我退出了世界著名精神病学家大卫·伯恩斯（David Burns）的实验室，尽管它是我盼望已久的一件事。我睡不好，经常觉得好像自己动不动就会哭。我再也无法满足我对自己工作的要求。我感觉自己在很多方面都很失败。无论我设法多么努力且灵活地工作，我都无法摆脱困境。这种困境不知不觉间加剧了，尽管我在当时并没有意识到这种情况。职业倦怠正缓慢但稳定地向我袭来。我正不断地失去活力和精力，而且再也无法感受到完整的自我——尽管我的心脏健康状况良好，我的个人脉搏却非常微弱。

作为人，我们在人生的某个时刻，必然要面临苦难，而我哥哥的悲剧对于我来说无疑是重大的苦难。我坚信逆境可以教会我们东西，于是我学到了至关重要的人生教训：要想过上真正成功的生活，你需要的不仅是勇气。这与你是否更努力或者更灵活地工作无关；如果忽视培养稳定的"个人脉搏"，你的成功必将是昙花一现。

获得成功是一回事，但是如果你对成功的定义以牺牲个人的活力为代价，我建议你不妨审视一下自己的定义。我不是说在某段时间内更努力而且更灵活地工作并非好策略；我想说的是，在当今这个即时沟通、永不离线的世界，如果你没有利用系统的方法定期培养自己的恢复力（亦称"稳定脉搏练习"），那么你在更努力和/或更灵活地工作方面的精力，必将稍纵即逝。

拥有稳定的个人脉搏，不是你在感到疲惫不堪时才会出现的"可有可无的事情"或者"事后反思"。在当今的工作世界，确保你能表现出最佳状态是一项必不可少的技能。不仅如此，如图0-1所示，个人脉搏技能会让你在长时间的工作与生活中保持投入、坚韧与高效。

图0-1

20年过去了。我花费了大量时间，通过治疗师的帮助，将自己从职业倦怠中解脱出来，最终也完成了自己的论文答辩。从那以后，我开始享受成功的职业生涯，这给我带来了极大的意义感与目标感。我在硅谷创建了屡获殊荣的积极心理学辅导机构，帮助美国创伤后应激障碍中心开发了移动应用程序，同时为世界上一些最具影响力的科技公司提供咨询服务。我一直担任美国有线电视新闻网的新闻频道（CNN/HLN）的行为专家，作品经常被《福布斯》（*Forbes*）、《快公司》（*Fast Company*）、《商业内幕》（*Business Insider*）及其他国家级出版物引用。我参与创建了一家价值1.42亿美元的风险投资领导力发展公司，作为主要领导者，设计出一套科学的教练方法，这种方法将严格的最佳培训方式与领先的技术相结合。另外，在这家公司，我领导了一个由1500多名教练组成的全球网络，这些教练遍布全球58个国家。最重要的是，这个网络已经在全世界各种行业中改善了成千上万职场人士的生活。

毫无疑问，我可以说自己并不只是通过更努力、更灵活的工作来实现所有这些——我不认为这两种解决方案足以适合现代职场人士。相反，促使我长期获得成功，同时帮助许多其他高层管理者获得成功的因素，是我始终致力于可持续成功。这并不是说，自从毕业后，我从未感到压力或疲惫。请相信，我也是人，也遭受过挫折，这些会在下文和大家分享。但是我注意到，每次我疲惫不堪、不知所措、筋疲力尽，或者感到生活空虚无聊时，原因都在于我未能不断地审视与注意我自己的脉搏。

● 不断变化的工作世界

作为一名心理学家与领导力教练，我的工作一直是帮助人们利用心理科学来实现充实的工作与个人生活。在15年多的时间里，我接触过各行各业的数百名学员。但是，在过去几年里我开始注意到，大量的受训学员在忙碌中挣扎，感觉不知所措、疲惫不堪、精疲力竭、压力重重。我开始注意到：

● 约翰，一位26岁的成功客户经理。由于他能在保持冷静且和善风度的同时，无缝、完美地响应客户需求，在职业生涯早期，他被视为"潜力股"。起初，约翰能够毫不费力地完成一项又一项的成就，无须间歇，而且还能腾出时间和他的团队建立起真正的联系。之后，约翰被委以重任，负责部门的主要全球客户，他开始全天随时接听电话。随着时间的推移，约翰的绩效开始下滑，客户关系陷入了困境，而且他的团队经历越来越大的压力。另外，同事们发现约翰变得越来越刻薄，而且极难相处。当我开始培训约翰时，他对我说的第一件事是："吉门内斯博士，我已经不是以前的我了。我过去被称为'快乐的约翰'。现在我常常发现自己生合作者的气。过去我热爱自己的工作，但是现在我对工作和客户变得漠不关心了。"

● 凯莎（Keisha），一位35岁的营销天才，刚刚晋升为副总裁。她急于向管理层的其他人展示，自己可以成为出色的合作者，同时干好自己的工作，凯莎开始在工作习惯上做一些小的改变。例如，在安顿孩子上床睡觉之后，她还要通过手机发送几封电子邮件。同时，她取消了与朋友的聚会，目的是为了工作到晚上，来适应居住在不同时区的其他管理者，而且对她各位管理者的要求立即给予肯定回答"是"。尽管凯莎是一位颇有天赋的领导者，理应得到这次晋升，但她的表现却开始下滑，而且她发现自己不但感到沮丧，甚至还质疑自己是否适应新角色。"吉门内斯博士，我十分不解。我过去是一直能够做到这些的。我不明白怎么了，但是我无法掌控自己的工作，我感到筋疲力尽。每个项目都变得让我不知所措。我过去是完全胜任这些项目的；现在，我似乎觉得举步维艰。可能我根本没有为这次晋升做好准备。"

- 安杰洛（Angelo），一位45岁的客户主管。他一直引以为豪的是，自己通过"冲刺"达到富有挑战性的销售额，并坚信拼命工作是在现代生活中取得成功的必要因素。众所周知，安杰洛在一天中的任何时候，都能快速而周到地回复客户的电话、信息与短信。令人遗憾的是，当安杰洛的父亲被诊断出早发性阿尔茨海默病时，安杰洛发现他无法改变自己的工作习惯，将这种额外责任加入自己的生活。当安杰洛开始接受我的培训时，他正努力维持自己的超级销售明星地位，但未能抽出时间来提高自己的技术，也未能继续发展自己的能力。安杰洛对我说的第一件事是："吉门内斯博士，我的压力太大了。我正处于崩溃的边缘。我忙于与客户持续交流并完成交易，以至于我没有时间去学习，也没有时间跟进我们所有的新产品供应与推销策略。我不再是过去那个有趣的人了，这影响了我的销售额。"

这些人及其故事各不相同，但是他们都有一个共同令人担忧的趋势：当超出某个界限之后，所有这些勤劳、成就卓著的个人实际上会发现，自己的效率降低，最终导致活力、精力与产出的下降。

这些故事代表了人们由于担心自己当前的生产力而夜不能寐的原因：尽管我们工作的世界正在发生迅速变化，人类却没有在工作效率上适应这个世界。过度连接与全球化等方面的变化创造了一种即时沟通、永不离线的文化，这种文化从根本上改变了我们的生活与工作方式。但令人遗憾的是，我们中的大多数人（以及我们工作的组织）仍然固守那些曾经帮助我们在工作与生活中取得并维持成功的陈旧方式与理念。

我们中有很多人几乎与约翰、凯莎和安杰洛一样，仍然有意无意地相信一些过时的工作观念，认为必须更加努力工作、更加忙碌，才能取得成功。通常情况下，出于对工作的热情与承诺，我们最终完成大量的艰苦工作，而且付出难以持续的努力，希望成为顶尖员工。但是，随着时间的推移，我们的成功逐渐消失，原因是我们的工作开始让我们精疲力竭、疲惫不堪、不快乐，甚至生病。然而，我们中的许多人仍在努力，试图采用"更灵活地工作"的策略，认为想要在工作和生活中取得成功，必须要牺牲个人脉搏——这种个人脉搏随着时间的推移，无论在实际上还是象征意义上都会变得越来越虚弱。

个人工作习惯不佳、管理不善、组织文化单独或共同造成了努力难以为继，导致工作压力与职业倦怠的迅速传播。2019年5月，世界卫生组织甚至正式将职业倦怠归类为"未能成功管理慢性工作压力而引起的一种综合征"。这一社会问题对企业与个人产生巨大的影响，以下数字便是证据：

- 60%的员工表示他们在工作中的全部或大部分时间感到有压力。
- 德勤（Deloitte）最近的一项关于工作倦怠的调查发现，77%的受访者在当前工作中体验过职业倦怠。
- 盖洛普（Gallup）最近对近7500名全职员工进行调查发现，23%的员工表示在工作中经常或总是精疲力竭。
- 另一项调查显示，65%专业人士的工作压力比5年前更大。
- 据估计，过度的工作压力每年造成12万人死亡，令人不可思议。
- 据估计，由于工作压力过大引起的缺勤、人员调整、生产能力下降，以及医疗、法律和保险费用，对美国经济造成的损失每年高达3000亿美元。

从这些数据中你可以看出，压力与职业倦怠是广泛存在的，你绝对不是个例。现代的工作生活快速不断地为我们带来越来越复杂的挑战与需求。当你将个人、家庭与健康因素叠加在工作挑战上时，你就很容易感到不知所措。令人遗憾的是，虽然你很可能看过大量强调过度工作问题或者战胜职业倦怠的图书、影像与文章，但是很少有人著书说明，人员、团队与组织可以系统地做些什么，从一开始就避免过度工作。我们需要的是行动，而不是反应。新的工作世界需要全新的工作方法。

🔍 抓住问题核心

征服这种"流行病"的一线希望也许在于，人们最终对工作提出了更高的要求。越来越多的人不愿意接受毫无意义的高强度的工作压力，将其当作工作的一部分。实际上，2018年全球人才趋势调查显示，每两名员工中就有一名希望公司更加关注员工的幸福感。人们常说，"这是公事而不是私事"，但我认为工作是私事。员工处于每个组织的核心位置。我们首先是人。不管我们是否喜欢，我们正在工作上花费越来越多的时间。正如安妮·迪拉德（Annie Dillard）的名言所述："我们怎样度过每一天，当然就怎样度过一生。"如果你想要把大部分醒着的时间与生命花费在工作上，那么你就是在投资自己最具价值而且有限的资源——时间，你需要能够感到精力充沛、充满活力而且积极投入。你应该拥有稳定的个人脉搏。

想想这一点：为了维持身心健康，人的心脏平均每天跳动大约10万次。这种隐藏在我们体内的重要器官每时每刻默默工作，为我们提供生命、氧气与活力，这何等惊人！这些小小的脉搏汇集起来就产生巨大力量！没有稳定的心跳，我们的身体很快就会失去活力与精力，而最终无法满负荷工作。同样地，当我们的心脏健康时，我们的身体才会顺利运转。当我们的个人脉搏稳定时，我们的个人与职业生活才会改善。

那么，我所说的"拥有稳定的个人脉搏"到底是什么意思呢？稳定脉搏归根结底是要培养与平衡一系列持久的人类能力，即我们如何表现、思考、增强体能储备、与其他人建立联系、管理自己的情感。这些能力经受了时间考验，使我们作为一个物种在许多世纪里生存和繁荣。通过专门建立一套稳定的个人恢复力技能，你可以"由内而外"与"由外而内"地进行实践。如果在工作和生活中你需要不断地应对外界压力源，这无疑会让你精疲力竭。而如果一种方法可以平衡整套个人脉搏技能，来指引你前行，那它会让你集中精力投入，而且充满活力。

随着创新与技术进步的不断发展，工作世界将继续在我们身边发展。讽刺的是，面对这种不断的变化，为了保持持久的成功与活力，我们需要发展的正是一系列固定不变的核心能力。这关乎一个人获得良好发展的基本原则，也关乎你在未来几年可以依赖的稳定技能。建立稳定的个人脉搏意味着努力关注你作为一个人的方方面面，包括你的行为、认知、身体、社交与情感部分。拥有稳定脉搏的人们，优先考虑保持其核心能力的敏锐性和完整性；这些人选择主动行动而不是被动反应。

在向学员解释为什么需要建立与维护整套稳定的个人脉搏技能时，我常用坐过山车来类比。尽管我们往往认为成功的旅程看起来像是一场艰难的向上攀登，实际上它更像是坐过山车，其间有后退、迂回、学习循环、高潮、低谷、胜利与失败，如图0-2所示。

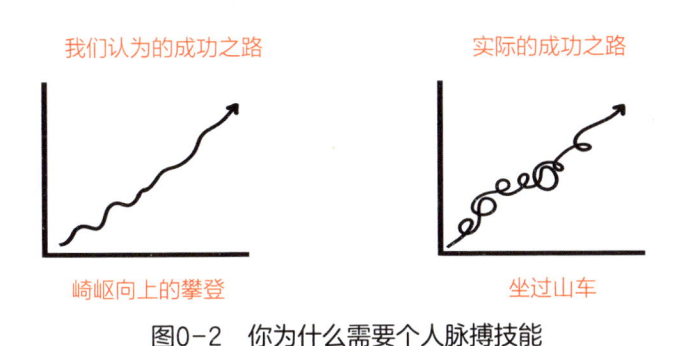

图0-2　你为什么需要个人脉搏技能

想象一下，如果没有安全稳固的安全带就去坐过山车，那将是何等危险！同样的道理也适用于我们的现代工作世界：维持整套稳定的核心个人脉搏技能，不仅可以作为职业倦怠的缓冲，也可以作为一种持续成功的机制。这些技能会成为保护你免受伤害的安全带。

职业倦怠的现实状况

尽管职业倦怠最早发现于20世纪70年代，人们对此话题有着深刻的理解，但是人们对工作压力、不知所措与职业倦怠仍然有诸多误解。对这一话题，存在着四个重要迷思需要解决。

迷思1：职业倦怠泛滥是因为我们不再像以前那样坚韧了。

这不准确。对职业倦怠这一主题的广泛研究发现，当工作要求与我们作为人的能力不匹配时，就会产生职业倦怠。考虑到工作性质正在发生大量颠覆性变化，这一差距在不断扩大也就不足为奇了。美国加州大学伯克利分校著名的职业倦怠研究者、教授克里斯蒂娜·马斯拉奇（Christina Maslach）与澳大利亚迪肯大学（Deakin University）的迈克尔·P. 莱特（Michael P. Leiter）合著了一本书，确认了可能会导致职业倦怠的人与工作之间的六种不匹配：

- **工作负荷**——对工作提出高标准，但可支配资源不足。
- **工作可控性低**——没有赋予个人适当的责任，也没有授权其使用所需工具，来完成其工作。
- **奖励不足**——缺乏定期的来自社会或者内部的精神与财物奖励。
- **社会支持度低**——工作场所冲突水平高，人与人之间的信任水平低。
- **缺乏公平**——工作负荷或者报酬不公正，宣传或者评估处理不当，解决冲突能力低。
- **价值观冲突**——个人的价值与目标和组织的价值与目标不相符。

迷思2：职业倦怠很容易被发现。

关于职业倦怠，困难点在于我们不能简单地把一种状态归结为职业倦怠或者非职业倦怠，这并非"非此即彼"。职业倦怠要隐蔽得多；它会悄悄地向你袭来，然后随着时间推移，慢慢地侵蚀你。马斯拉奇与莱特的研究发现，职业倦怠由三部分组成：

- **疲惫**——巨大的情感、身体和/或认知疲倦（在睡个好觉与休息之后，你仍感觉不到重新变得精力充沛）。
- **愤世嫉俗**——工作敬业度低（你可能开始对工作与同事感到冷漠、消极或恼火）。
- **低效**——缺乏生产能力或者感到无法胜任（你感觉自己无法再坚持，或者不会成功）。

有趣的是，他们的研究还表明，不同的人有着不同的倦怠特征。换句话说，每个人的职业倦怠体验不尽相同——这种体验因人而异。你可能会发现，你感受更多的是疲惫而非愤世嫉俗，或者低效的感觉远超任何其他感觉。

迷思3：职业倦怠不是什么大不了的事情。

职业倦怠是非常严重的问题。这也是世界卫生组织正式将职业倦怠作为职业现象纳入其《国际疾病分类第十一次修订本》（*Eleventh Revision of the International Classification of Diseases*，*ICD-11*）的原因。职业倦怠不仅会严重破坏你的工作，还会损害你的健康、人际关系与幸福。正如马斯拉奇与莱特所描述的那样，职业倦怠可以破坏你的个人脉搏："它代表着对价值观、尊严、精神与意志的侵蚀——对人类灵魂的侵蚀。"此外，对于职业倦怠而言，你陷得越深就越难摆脱。当你感觉压力越来越大时，处理工作问题就变得越来越难，这会导致更大的压力，反过来处理起来就更加困难。总的来说，职业倦怠是一种极其痛苦的体验，导致许多人不得不远离自己的工作，而这个工作曾经可能是这些人自豪感、激情与自我认同的来源。我们对于职业倦怠不能掉以轻心。就像对待任何隐蔽或者危险的东西一样，重要的是要积极建立针对职业倦怠的缓冲区。

迷思4：职业倦怠完全是由不恰当的自我照管与应对策略造成的。

传统观念认为职业倦怠主要是个人的问题。也就是说，出现职业倦怠的原因在于个人性格、行为或者生产能力方面的缺陷。此类有害的误解，甚至可能暗示职业倦怠是个人缺点的结果。事实上，职业倦怠不仅仅是个人问题，还是工作场所的问题。有些工作场所令人极不愉快。正如W.爱德华兹·戴明所说（W. Edwards Deming）所说："不好的系统每次都会打败一个好人。"我们有时发现，所处的工作环境不再能让自己展现出最好的自我。为了真正找到职业倦怠的解决方法，我们需要在个人、团队与组织层面解决职业倦怠。我们不能只审视个人，而忽视此人所处的工作环境。同样地，我们不能只审视组织，而不去了解组织内人员的独特经历。

● 我为什么想写这本书

本质上，本书中所概述的核心能力，正是我在自己的工作和生活中努力追求的一切。为写作本书，我花费大量时间翻阅学术研究文章，将其中的新策略与方法用在学员身上，最重要的是，我见证了这些策略是如何显著改变他们生活的。具体来说，我写这本书有四个原因：

第一，我坚信作为现代职场人士，你所养成的工作习惯应该能够促进而不是削弱你的成功与活力。越来越多的研究表明，那些陈旧的关于如何取得工作成功的模式与观点（例如，更努力地工作，更长时间地工作，更加忙碌）可能实际上适得其反。这些模式与观点可能会破坏你专注的能力，降低你的创造性，耗尽你的精力，对你与他人的有效合作产生消极影响，损害你的整体工作业绩，最终导致你的恢复力下降。实际上，最近的研究表明，过度的工作投入预示着不幸福或与职业相关的不良后果,甚至在考虑到不同职场人士的各种差异(包括性别、年龄、职业、教育,甚至权限级别)之后,这一点仍然适用。我在这里告诉你,还有另外一种更好的方法。对于专注培养一系列持久的个人脉搏技能,其强大之处在于你已经具备了这些能力,只是需要完善、加强与培养。

第二,尽管有大量令人惊叹的研究涉及如何坚持自我与成功,但是大多数研究并未能转化为实际应用。关于这类研究的诸多图书与文章,提供了重要的理论信息,但是往往缺少实践方法,以及如何将其应用到日常生活之中。象牙塔里的研究者,往往与他们的研究能够帮助的对象离得太远。我的目的就是要帮助你将研究与应用联系起来。我希望将复杂的研究转化为能够让你具备稳定个人脉搏的有效策略,进而在全球工作场所普及科学的心理学实践。

你们中的大多数人根本没时间来积累跨领域知识和整体联系,然后将这些信息融入易于应用的有效工具中,因此我替你们完成了这一点。我从社会心理学、动机心理学、临床心理学、积极心理学与表现心理学中获取最好的科学研究结果,并将其整理成一套具体的基于教练方法的策略。我多年来利用这些策略训练了无数学员,并不断汲取科学精华,确保研究对于学员来说是实际、现实而且可行的。简而言之,如果你愿意花时间来阅读这本书,而且尝试一下我所提出的策略与技巧,你可以放心,这些策略与技巧是有科学依据的,而不会听起来很酷或鼓舞人心,在实践中却毫无用处。

第三,我希望写一本书,来证实职业倦怠不仅仅是个人问题。为了真正地解决职业倦怠这种"流行病",我们需要具有稳定脉搏的员工、团队以及组织文化。出于这种需要,我撰写了这本书来解决所有这些层面的问题:个人、管理者/团队和组织。虽然我刚刚指出,你所处的工作环境可能的确是导致职业倦怠的主要因素,但是我决定将本书的大部分内容重点放在个人层面上,因为个人层面可能会使你以最快的方式获取最大的益处。幸运的是，许多著名的组织懂得，如果它们的成员没有获得良好发展，它们的成功将会受到影响。但是众所周知，组织变革可能比个人变革要慢得多。

本书会为你提供建立尽可能稳定个人脉搏的全套工具，以及培养稳定脉搏文化所需的组织与团队变革。充满活力的工作场所需要领导者培养文化，使用最具洞察力的心理科学课程来设计员工体验，启发每个人发挥自己的核心能力。我希望第七章"拥有稳定脉搏的团队与组织"，为这方面提供有益的解决方案。

最后，我急切地期盼着向你展示，我在工作与生活中维持稳定个人脉搏的独特模式。这种模式由五部分构成，涵盖你作为个体的方方面面。如果仅仅做那些你一直在做的事情，只是更努力，做得更多更好，你不能解决压力，反而会变得不知所措。你也无法通过单一应对机制预防诸如职业倦怠这样复杂的问题。我们需要的不只是另一种缓解压力的方法，而是一种最开始就能防止压力压垮你的整体性综合方法。这本书不只是讨论某一种个人脉搏练习，例如，如何在日益相互联系并使人分散注意力的世界里集中注意力。相反，我提供一种全面综合的模式，它提供信息、策略与技术来改善你的行为、思维、体能储备、与其他人的关系感等问题，换句话说，改善你的核心能力。本书所描述的这种模式，不仅是一种缓解职业倦怠的方式，也是一种系统的方法，使你在面临现代人习以为常的压力、过度扩张、忙碌时取得持续成功。

● 本书如何使你获益

我支持本书中的观点，不只是因为这些观点有科学依据，或者我已经观察到这些观点多年来对我的无数学员发挥着作用；还因为我在自己的个人与职业生活中从这些策略中切身受益。直到今天，我依靠这些策略来确保自己个人脉搏保持稳定。这些策略帮助我充分发挥自己的优势，在面临慢性病等意想不到的生活压力源时保持稳定，在硅谷的一家高速发展的初创企业中成为拥有稳定脉搏的领导者，实现一些远大梦想，例如写这本书。我希望这些策略也将会对你发挥同样的作用。

在前五章中，我将分享实现稳定个人脉搏的五种核心策略，稳定的个人脉搏会在工作与生活中创造出持久的活力。在此过程中，我还会分享一些研究，这些研究强化了这种观念，即现代工作与生活的成功秘诀不仅仅在于更努力或者更灵活地工作，还意味着要拥有稳定的个人脉搏。当我谈论与每种脉搏原理相关的科学时，我想强调的是本书更多涉及科学研究的实际应用。在本书里，当我解释如何利用现实且可行的方式来培养稳定个人脉搏时，会给出一些故事、策略与指导。

你还会发现交互式内容，包括我提供的练习题。如何完成这些练习题完全取决于你自己，但是我建议你根据自己的情况尝试完成这些练习题。

当然，本书的基本思想是通过我的五种核心脉搏（PULSE）技能，避免降低你的表现与幸福感，见图0-3：

- **行为节奏**（Pace for performance，行为层面）。用一种不会耗尽你精力的方式促进你的个人与职业发展。

- **整理思维**（Undo Untidy Thinking，认知层面）。训练你的大脑，避免无用的思维模式。

- **充分利用闲暇时间**（Leverage Leisure，身体层面）。找到能够保护与补充你精力的最优策略。

- **获得支持**（Secure Support，社会层面）。建立稳健的支持系统，提高思维与适应性的多样性。

- **评估努力（Evaluate Effort，情感层面）**。重新控制你的时间与优先事项。

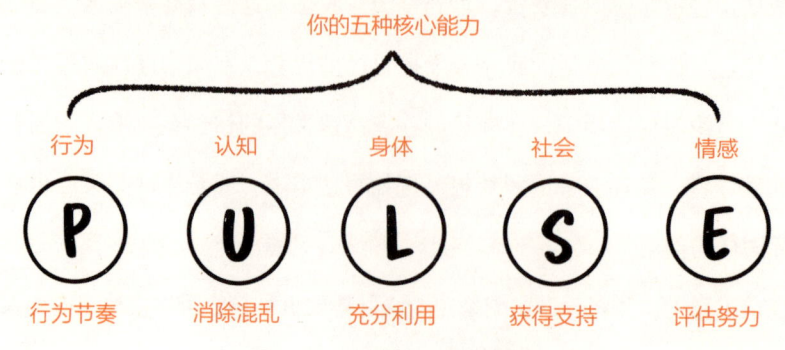

你的五种核心能力

行为	认知	身体	社会	情感
P	**U**	**L**	**S**	**E**
行为节奏	消除混乱	充分利用	获得支持	评估努力

图0-3　五种核心脉搏技能

　　我想向你强调的是，如果你想体验真正、持久的变革，仅读本书是远远不够的。虽然本书的书名是《你的职业脉搏稳定吗？》，但并非只是介绍应急解决办法。实际上，如果你在《韦氏词典》中查找本书英文书名（*The Burnout Fix*）中的单词"fix"，你会找到它的定义为"使……坚固、稳定或固定"。我的目标是给你提供一套"稳定的"持久核心能力，确保世界在你身边运行时，你能够脚踏实地而且稳定。当然，这需要工作、努力与实践。这需要你每天不断地对自己进行投资。由于在职业生涯中花费大量时间来思考与学习行为变革，我可以坚定地说，真正的改善需要你实际尝试，并试验将这些策略付诸实施。我建议你找一位同事、朋友或家人来一起阅读本书，这样你们就可以互为责任伙伴。好消息是，第一种脉搏技能涵盖了最佳学习和试验新技术的方法，而且不会让你在此过程中意志消沉。只有真正应用，你才能切身受益，但是请相信，正如我在许多受训学员身上所看到的，这种影响可能是深远的。让我们开始行动吧！

第一章
行为节奏

▌你的职业脉搏稳定吗？

● 难以完成的攀登

想象一下，只靠着自己的手指与脚上的橡胶攀岩鞋，挂在离地面数百米的笔直的花岗岩墙上，背后是大风和广袤的天空。

2017年6月3日，亚历克斯·霍诺尔德（Alex Honnold）完成了许多人认为无法完成的壮举——他在没有任何安全装置的情况下，爬上了美国优胜美地国家公园（Yosemite）"恶名昭著"的酋长岩（El Capitan），地球上最令人印象深刻的攀岩墙之一（它有帝国大厦的两倍高，埃菲尔铁塔的三倍高）。这意味着，亚历克斯·霍诺尔德没有任何绳索、头盔、攀岩伙伴或者装置，唯一让他挂在这一堵花岗岩墙上的就是他自己。一个失误的动作就可能让他丧命。难怪《纽约时报》将这称为"有史以来最伟大的体育壮举之一"。

如果你用谷歌搜索"亚历克斯·霍诺尔德爬上酋长岩用了多长时间"，你会找到这样的答案：3小时56分。我发现这个答案是非常不准确的。是的，在技术上，他花了这么多时间在这堵墙上。但实际上，亚历克斯·霍诺尔德实现徒手攀岩的历程远不止3小时56分。

如果你回过头来考虑，霍诺尔德花费了"多长时间"才能够完成这种超乎寻常的成就，很明显你需要进行更深入的调查。荣获艾美奖（Emmy Award）的纪录片《徒手攀岩》（*Free Solo*），展示了一场更为复杂的登顶之旅。此纪录片记录了霍诺尔德一年多来身心上的准备、训练与排练。

你可以看到，霍诺尔德在面临无数挑战时高度专注而且执着。挑战之一是

"23号斜坡",在此攀岩过程中,他发现自己离地面600米。"23号斜坡"由一块3米长的岩石组成,取了一个不祥的名字"抱石难题"。霍诺尔德要从两个极具挑战性的选项中选一个,一是利用空手道将左腿搭在一块岩石上,这将会大大削弱他的平衡;二是"双恐龙",双手完全放开墙壁,并尝试尽力跳到另一块岩石上。考虑到他最终要徒手完成攀岩,以及掌握这两个动作之一,他必须反复尝试攀岩顺序。对于这一极富技术性与挑战性的攀岩过程,霍诺尔德耗费数月进行训练,可能摔倒了数百次。尽管无数次尝试都失败了,他仍然坚持并忍受着。

尽管你很可能不会像霍诺尔德那样大胆尝试如攀岩等事情(我希望你不要尝试),通过审视他的攀岩视频,你可以从具有隐喻意义的攀岩中学习到大量有助于自己维持成功的知识。具体来说,通过了解霍诺尔德无限韧性背后的科学性,你可以将他的理念应用到自己的个人与职业发展中。在努力完成许多人认为无法完成的事情时,他是如何维持稳定个人脉搏,没有出现职业倦怠或者让自己精疲力竭?他的话中蕴含着线索:"多年前,当我首次在脑海中想象徒手攀登'搭便车'(Freerider,酋长岩的一部分)意味着什么时,它有六个斜坡会让我喊出诸如:'哦,这个动作真可怕,这个顺序是真的吓人,那个小石板,那个斜向攀登'。"霍诺尔德继续说道:"在许多小段,我都想'啊——退缩吧'。但是此后几年里,我扩大自己的舒适区,使其越来越大,直到这些看似完全疯狂的目标最终成为可能。"他逐渐扩大自己的舒适区。

正如谚语所说"点滴汇聚,积少成多"。

● "奇才天生"的迷思

> 我们愿意将冠军与偶像想象成天生与我们不同的超级英雄，而不愿意将这些杰出的人视为相对普通的人。
>
> ——卡罗尔·德韦克（Carol Dweck）

社会偏爱目光远大的破局者，这些人乐于追求疯狂的梦想，同时又打破规则，寻找捷径，并在前进的道路上勇于冒险。我们钟爱"奇才天生"的观点，"奇才"往往有着异于常人的能力。但是，我们对奇才的极大热情有意义吗？这真的是一种实现工作或生活中有意义目标的可持续方法吗？我要斩钉截铁地说"不是"。

为什么有些人比其他人在复杂领域更有经验而且更成功？当想到诸如J.K.罗琳（J.K.Rowling）、碧昂斯·诺里斯（Beyonce Knowles）、亨利·福特（Henry Ford）与华特·迪士尼（Walt Disney）等人的成就时，我们很容易认为这些人是异于常人的天才，拥有超人的天赋与能力。但是，如果查看他们的生平事迹，我们会发现这些人没有一个是一夜成名的。

J.K.罗琳花费七年时间写出《哈利·波特》初稿，却被十二家出版商拒绝，这些你知道吗？碧昂斯加入的首个女团"少女时代"（Girl's Time），在参加选秀节目《星探》（Star Search）时惨遭淘汰，你知道这一事实吗？亨利·福特的第一家公司破产了，你知道吗？华特·迪士尼的第一家公司笑影公司（Laugh-O-Gram）失败了，你又知道这一事实吗？在这些获得非凡成就的人中，没有一个是在一夜之间偶然获得快速成功的。相反，这些人经历了失败，并为他们所实现的成就进行了长时间的努力奋斗。

霍诺尔德也是如此，他不是一个天才。相反，《徒手攀岩》的联合导演柴·瓦沙瑞莉（Chai Vasarhelyi）十分准确地解释了："亚历克斯不是一个天才，他是非常有条不紊的人。""有条不紊"也许不像"天才"这样的标签性感，但正是它让霍诺尔德在一直保持自我的同时，实现了自我的成就。他不仅在技术上一丝不苟，而且深刻地认识到，只有随着时间推移精通许多小事，才能取得伟大的成就。记者布雷特·斯蒂芬斯（Bret Stephens）明确地指出："这不是一种鲁莽行为，而是一种堪比登月的计划。"如果研究霍诺尔德的方法，你会发现他真的非常具有系统性。《国家地理》（National Geographic）的一篇文章描述："他还花费数小时来完善、排练、记忆手脚放在每个关键斜坡上的准确顺序。他是一位十分老练的记录者，每天详细记录自己的训练，评估自己在每次攀岩中的表现。"

作为一名心理学家与领导力教练，我曾培训过诸多商业和技术领域高度成功的人士，我很清楚，大量极成功的人员，无论是企业家、艺术家或者运动员，都会采用所谓的"刻意练习"。研究该问题的先驱是安德斯·埃里克森（Anders Ericsson），一位专门研究最佳表现的心理学家。从本质上讲，埃里克森是一位研究专家的专家。

通过多年来对运动员、棋手、音乐家等的详细考察，埃里克森与他的研究小组发现，根本上存在着两种练习。第一种为"无意练习"，指投入大量时间练习，但没有太多反思或系统化。第二种为"刻意练习"，采用更为条理、循序渐进的方法，比简单练习能产生更大的收益。换句话说，尽管简单重复地练习你已经掌握的技能可能令人满意，却不足以帮助你在这一领域成长、发展。在维持自我的同时还能获得提升的关键在于走出舒适区，并尝试稍微超出当前能力的练习。研究表明，进行明显刻意练习的人进步明显加快。埃里克森与普尔（Pool）解释："在人类努力奋斗的几乎任何领域，只要人们采用正确的方式训练，他们的表现就会有巨大提升。"

🔸 行为节奏

伟大的事业靠一系列的小事情逐渐达成。

——文森特·凡·高

在一个刮大风的秋日，我和受训学员阿德什——一家新兴初创公司的联合创始人一起沿着加利福尼亚州山景城（Mountain View）的海湾小径散步。阿德什开口了："鉴于公司现在运行良好，并在一段时间内表现出稳定的赢利能力，首席营销官与公关团队希望我做更多面向公众的工作。而且，随着公司品牌的兴旺，我发现自己越来越多地与硅谷的其他首席执行官以及知名人士打交道。确实打了不少交道。"说着，他长叹一口气，眼睛盯着前方，斜视着太阳。

我会意地点点头："你被要求从幕后走出来，这对于你来说一切皆新。"

"没错，我是技术联合创始人。我一直专注于公司建设，并不太热衷于以某种方式来展示自己。你是了解我的，我只是一个对我们的建设内容与使命充满激情的人。但是，我天生不具有社交技巧或者领导人气质。我不确定自己要如何学习完成这部分工作。"当阿德什说完，一阵风卷起一团金色的叶子，围着我们翻翻起舞。阿德什盯着这些树叶，眼睛亮了起来，嘴角开始翘起，露出微笑。

"阿德什，我注意到当你看着这些风中的树叶时，你在微笑。这给你带来什么启迪吗？"

"这让我想起了在波士顿读商学院的历历往事。在一个狂风大作的秋日，我和另一个创始人讨论了对公司的想法。我记得我们走过布满金色叶子的校园，同时对未来的挑战感到无比兴奋。我们疯狂了，我们两个人都没有开办过公司，但是我们相信我们能成功。我们不知道自己会遭受什么。想到从那天起我们的经历，这就更疯狂了。"

"你没有建立公司的经验，但是你走到了这一步。你是如何把这搞定的呢？"

"我记得自己思量，我必须走出自己的舒适区。我们不能过于求稳，但是因为资源有限，我们也不能下大赌注。我会十分专注于业务的一部分，比如首先确定产品市场匹配。然后，我会不断地更加努力，直到我把之前不知道如何完成的事情变为可能。我认为，自己直到今天仍然使用这种方法。我们希望不断成长，突破自己和我们的能力。这是我来受训的原因。"

我回答道："通过这次经历，你已经明白实现诸如建立公司这类大目标，取决于许多小事的点滴积累。你本不知道如何建立一家公司，但是通过这个方法，你成功了。"我停顿了一会，停下脚步注视着阿德什："你知道吗？阿德什，你刚刚告诉我不知道如何提高你的表现力，你考虑过采用同样的方法来提升自己吗？"

通过创建一家影响全世界的成功公司的经验，阿德什认识到他无须冒很大风险来完成一些事情。他可以利用现实可行的方式，随着时间推移而不断地更加努力。我的职责只是提醒他，他已经具备了发展相关技能的方法，采用他在发展自己公司过程中所用的方法，他能够成长为一名领导者。

高风险可能会在很大程度上产生事与愿违的结果。当我的父亲还是一个在墨西哥的孩子时，他经常去一个大游泳池，当地孩子都在这里玩。他不会游泳，只好坐在边上，将脚伸进冷水里，然后望着其他孩子。在一个特别闷热的日子，我的父亲变得很沮丧，因为他不会游泳，也就无法游泳消暑。他决定，如果想游泳，他不得不冒着风险去学习，因此一头扎进了深水区。父亲将这段经历形容为恐怖。他在水里扑腾着，喘不过气来，感到非常惊恐与窘迫。最终，一个大孩子帮助他爬到池边，回到地面。他在几个月里再也没有去过游泳池。正如博客作者布雷特（Brett）和凯特·麦凯（Kate McKay）所描述："巨大的目标可能会令人惊叹。但就像黑洞、大峡谷等许多令人惊叹的东西一样，它们也可能将你完全吞噬。"根据我父亲的经验，当你全力以赴来达成一项新技术或者目标时，很可能你会挣扎，最终对自己完成目标的能力感到沮丧，无所作为。

如果我们借助行为节奏的方法来学习游泳，结果可能会与我父亲的经验完全不同。首先，你可以把自己的目标分解为一个个小的、挑战性逐渐增强的目标（为你更大的目标——学会游泳服务）。例如，你可以从涉水开始，反思什么有效、什么无效，并获得与此有关的反馈。一旦你对涉水感到舒服而且自信，你就可以试着将头埋进水里，同时屏住呼吸。然后，一旦你对这一点也感到舒服而且自信，你就可以学习狗刨了。然后，一旦你对狗刨感到舒服而且自信，你就可以练习蛙泳。而一旦你对蛙泳感到舒服而且自信，你就掌握游泳的奥秘了。很快，随着时间的推移，通过行为节奏，你就能够射鱼或者自由潜水了！从本质上讲，与其试图在短时间内做出根本性改变，不如做出持续不断的改进，这种努力会逐渐带来你想要的改变。

● 疲劳之轮

领导力是一系列行为，而不是一个英雄的角色。

——玛格丽特·惠特利（Margaret Wheatley）

你是否曾经有过类似跳进水池深处，却发现自己更为沮丧的经历？你是否倾向于设定宏大、令人敬畏的目标？你是否寻找过"神奇"解决方案来快速获得成就？倘若如此，我想你很可能会同意我的观点，即设定过于宏大的目标是不可持续的，也是令人不快的。这个方法可能会让你在短期内实现目标，但是此后你很可能会感到职业倦怠，或者换句话说，随着时间推移，你会逐渐感到疲惫，最终在实现自己目标的道路上停滞不前。

在我多年的教练生涯中，我看到一些最聪明、最勤奋、最认真的领导者用一种严苛的节奏超越自己的极限，走上巅峰，然后不得不设法处理其后遗症。实际上，研究发现，近一半的高管在获得外部晋升或者工作变动之后任期不足十八个月。在工作中，我亲眼看到，不管是主管还是新的领导者，当他们相信"奇才天生"的错误观念时，就会发现自己处在我所说的"疲劳之轮"（见图1-1）上。

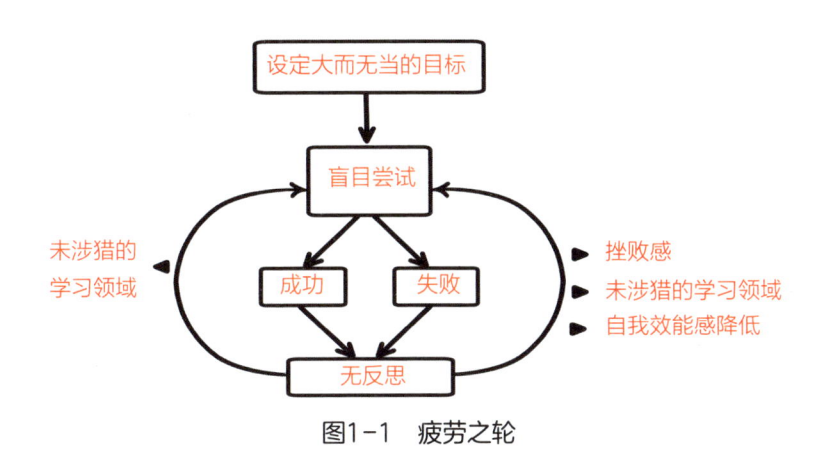

图1-1 疲劳之轮

以我所见，疲劳之轮是最快的能让具有卓越才能的个人从具有稳定的个人脉搏发展到职业倦怠的方式之一。当我们设法加速成长或者完成事情时，这种情况就会出现。

当人们想要快速取得巨大进步而感受到压力时，他们会忽视战略性投资自己，不寻求最好地调整自己状态，以高效、专注且可持续的方式实现发展。因此，他们继续设定宏大而且模糊的目标，为实现这些目标进行盲目尝试，获得成功或失败。但是，不管尝试的结果如何，他们都会匆忙地继续前行，以至于无暇反思与学习，这就导致新一轮盲目的成长尝试。讽刺的是，盲目的"快速行动"方法实际上会导致事与愿违，因为这些方法最终让人们放慢脚步，甚至可能完全偏离正轨。

比如，一位叫德温（Devin）的受训学员请我帮助她建立更严格的边界，因为她注意到了自身一些职业倦怠的迹象。德温曾在过去尝试着设定界限，但是她发现自己无法长期维持这些界限。当我让她举个例子时，她说道："我十分讨厌一天到晚回复邮件，包括傍晚与周末。我知道这种方法会让自己在工作中表现出色，但是我无法一直坚持下去。我感觉自己喘不过气来，我需要空间。因此，我决定设定界限。我给自己定了目标，每天只在上午7点到下午1点查看邮件，周末不查看邮件。最初几天效果不错，但是后来却事与愿违，因为我会错过重要的邮件，而且这些邮件会堆积起来。许多邮件我没有时间来回复，因此我选择了放弃这一做法。我感觉自己无法维持这个界限。坦率地说，这对缓解我的疲惫无济于事。因此，我现在又回到全天运转状态。我需要帮助来遏制这种情况。"

对照疲劳之轮，你可以看到德温的目标是宏大的。她试图显著地改变自己的行为：从昼夜不停地查看邮件到将其压缩到一个短暂的时间期限。而且，除了时间期限之外，她设定界限的目标不是很明确。例如，它没有涉及这样的细节——和邮件有关的哪些具体行为最能够缓解她自己的压力。最后，当她尝试实现这个目标时，最终导致自己不知所措，而且更为沮丧。想象一下，如果德温首先从较小、较现实且明确的目标出发，然后逐渐扩大目标，结果可能会大有不同。例如，她可以设定一个小目标，每天晚上和周末只查看一次邮件，而且明确规定自己在此时间内回复或不回复邮件的规则。然后，一旦成功地落实了这种行为变革，她就可以更进一步，减少工作时间查看邮件的次数，同时对邮件分类（马上回复、稍后回复、删除）来区分回复的轻重缓急。

让我们通过另一个培训案例来检查疲劳之轮是如何发挥作用的。里卡多（Ricardo）是一家中型初创公司的副总裁。在很大程度上，他的工作完成得很好，但是他发现自己变得越来越不专注，越来越疲惫，而且对自己的能力甚至职业道路都感到失望。他解释说，这已经开始影响他在工作中的表现了，而且他陪伴妻儿的时间也变短了。

晋升为副总裁一直是里卡多的长期目标，但是他告诉我："无论我多么努力，我在公共演讲方面似乎都无法取得进步。"我立即意识到，这与他对自己的描述"精力充沛、积极乐观的领导者"似乎相差甚远，因为他在诉说自己的困境时低着头，而且向前耷拉着双肩。他看起来垂头丧气，很明显他的个人脉搏逐渐变弱。当我询问里卡多有关公共演讲方面的问题时，他说："嗯，我做得要么非常好，要么非常不好，我也搞不明白自己的表现为什么起伏这么大。这种状况持续两年多了，而且我开始真的对一些事情产生怀疑。"

当我问到具体例子时，里卡多接着分享自己的故事。他在两周前收到了自己绩效考核的反馈，结论是他仍然需要在公共演讲方面努力。在那一周的管理团队会议上，首席执行官询问里卡多的部门领导，是否有人愿意在公司的下一次全体大会上做十分钟演讲，介绍一款激动人心的新产品。里卡多知道自己需要提高公共演讲技能，心里暗自想着："我有一段时间没有冒险了，我知道伟大的成就伴随着巨大的风险。"因此，他举手说他可以。里卡多像过去一样为演讲做准备。但演讲时，他发现自己自言自语，反复说"嗯"，而且讲话漫无目的。他告诉我，这就像最后一根稻草："我试着鼓起勇气，我试着去冒险，不断做出努力，预先做尽可能多的练习，但是这都不起作用。"

很不幸，里卡多陷入了"奇才天生"的迷思，这就导致他盲目地设立宏大目标，却发现自己被绑在了疲劳之轮上——技术方面毫无进步，公共演讲方面自信下降，还有大量未涉猎的东西要学。我向里卡多解释了疲劳之轮的危害，并强烈建议他重新考虑冒险对他意味着什么。我给他分享了自己最喜欢的沃伦·巴菲特的一句名言："风险来自你不知道自己在做什么。"一盏灯似乎在里卡多的脑子里点亮了。他抬起头，兴奋地说："我明白了，自己一直在做盲目的尝试。我只需要更加关注解决这个问题需要做的事情。"从那时起，他立即开始执行行为节奏的练习。毫无疑问，他开始出现了重大改变与进步。现在，里卡多将沃伦·巴菲特的那句名言进行装裱，挂在自己的办公室。最终，他获得了晋升，但是最重要的是，他的个人脉搏增强了，而且他的个人与职业生活都恢复了活力。

里卡多的故事屡见不鲜。"奇才天生"的错误观念随处可见——它已经融入了各种成功故事的叙述之中，宣扬巨大的风险与果敢的举动会带来巨大的回报。尽管这些故事很鼓舞人心，但实际上第一次尝试就能"成功"的概率很低，尤其是在你冒着巨大风险的情况之下。在对拉里·金（Larry King）的一次采访中，安德斯·埃里克森表示："我还从未发现，哪个人或多或少突然发现自己在某方面非常擅长。"

如果你像里卡多一样，在没有掌握好行为节奏的情况下，努力学习新技术来灵活地适应不断变化的新世界，你很可能会发现自己处于"不断重复"的循环中，你的挫败感增强，自我效能感降低，导致个人脉搏微弱以及职业倦怠。

阿尔伯特·班杜拉（Albert Bandura）是一个观点经常被引用的心理学家（我作为一名心理学学生，有幸参加了他的小型研讨课），他最早提出了自我效能感。这个概念指个人对自己是否能够成功的信念。数十年的研究表明，自我效能感较高的个人很可能会接受富有挑战性的目标并坚持到底。从这个意义上讲，自我效能感对于你如何做好自己的工作是至关重要的，在你不得不应付压力重重的工作要求下尤其如此。换句话说，如果你对自我效能感持积极信念，你更有可能有效适应工作压力源。相比之下，如果你认为自我效能低，就会开始将失败归结于自己能力不足，进而强化你的低效能感。

大量研究发现，自我效能感可能是关键的个人资源，可以缓和压力感对职业倦怠的影响。例如，研究表明，增强自我效能感能够降低情绪疲惫与认知疲倦。涉及教师（教师往往出现高水平的职业倦怠）的研究还发现，自我效能感的高低与感知到的职业倦怠呈现负相关。简而言之，自我效能感越低，感知到的职业倦怠就越高。

如果你发现自己处于疲劳之轮上，你的个人脉搏会变弱，而且更容易受到自我效能感降低的影响。即使你确实有能力实现自己的目标，大量不必要的努力，加上反复受挫（尤其是在你尝试学习新技术的情况下）或者未涉猎的学习领域，降低了你对实现自己目标能力的信念。正如阿尔伯特·班杜拉的名言："如果缺乏自我效能感，即使人们知道该做什么，他们也往往表现不佳。"

控制疲劳之轮：行为节奏的三个"P"

如果不必骑在疲劳之轮上，也能够继续发展个人专业技能，这不是很好吗？你想躲避学习新技术可能带来的挫折感吗？你想花费更少的时间来度过挫折和自我怀疑期吗？无论普通人还是专业人士，都可以采用一种需要更少时间而且更高效的方式，轻松实现成长与发展。那么，我们该如何来控制疲劳之轮呢？答案是借助行为节奏的三个"P"：计划（Plan）、练习（Practice）与思考（Ponder）。

计划：创造适当的压力

制订计划与实现愿望需要同样的精力。

——埃莉诺·罗斯福（Eleanor Roosevelt）

拥有可靠的计划是行为节奏的一个关键部分。亚历克斯·霍诺尔德爬上酋长岩的事迹说明了如何进入行为节奏的细节。他做到这一点的一种方式是做出深思熟虑的决定，不断使自己稍微远离舒适区。在接受乔·罗根（Joe Rogan）的采访时，霍诺尔德明智地指出："如果你想设法很好地完成独自攀登任务，你绝对不应该付出近150%的努力，否则你必然会死亡……在个人的努力评价表上（满分为10分），我几乎一直处于4到7之间……永远不能太放松，但是永远不要把自己逼向绝境……我不断攀爬，而且很愉快，但是我不会太努力，也不会太放松。"幸运的是，我们学习新技能并不需要像他那样处于生死攸关的境地，但是他的话证明了一个重要的观点，即可靠的计划包括目标的制定，它会给你带来适当的挑战。

例如，你在努力培养正念冥想法的新技能，而这是你之前未接触过的技能。考虑到自己在这方面的技能很弱，你不会制定每天冥想一小时的目标，因为这可能会是一个巨大的挑战，会导致挫败。你也不想制定每周仅仅冥想两分钟的目标，这么容易的目标可能毫无挑战性，缺乏成效。与《金发歌蒂与三只熊》（Goldilocks and the Three Bears）的故事类似，计划就是要制定可以给你带来适当挑战的目标：挑战不多不少。

行为节奏的三个"P"中的第一个为计划，涉及谨慎地评估你的当前知识与技能水平，然后制定出一个小的、明确的而且可完成的目标，它使你稍微走出自己的舒适区。你需要计划出一个延伸目标，给自己适当的挑战。向学员解释这个概念时，我使用吉他弦作为类比：张力太小的话，你无法演奏音乐；张力太大，会使琴弦断裂；只有适当的张力，你才可以弹出优美的音乐。个人成长与职业发展同样如此——太高的压力与挑战可能导致焦虑、更多错误及最终的职业倦怠，而太低的压力与挑战可能导致进步缓慢、脱离与厌倦。两个极端都可能导致微弱的个人脉搏。

正如通过锻炼来提高心率，进而实现并保持你的心脏强健一样，感受少量的压力对于成长来说也很重要。研究表明，少量的压力实际上会促进成长。关键是找到并制定出小的、挑战性逐渐增强的延伸目标，为你更大的目标服务。对于我的学员，我要求他们像霍诺尔德一样，制定的延伸目标保持在图1-2延伸目标计划表的4到7之间。

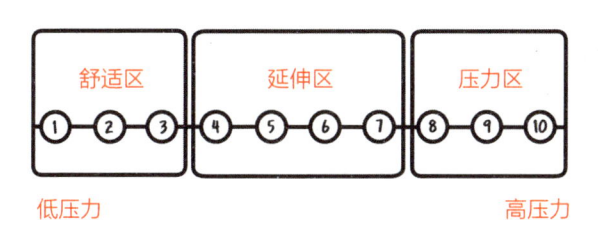

图1-2 延伸目标计划表

制定出稍微超出你舒适区的目标有着巨大益处。第一，你更可能会接受现实而且可行的目标，因为它们看起来不会让你望而生畏。第二，如果你未能很好地完成目标，负面效应更小，而且更容易恢复过来。第三，因为是小的延伸目标，你更可能在一段时间后就可以实现，这会不断增强自我效能感，最终有助于实现持续成功。正如阿尔伯特·班杜拉所说："人们对自己能力的信念会对这些能力产生深远的影响。能力并非固定资产，你的运用方式会导致巨大差异。具有高自我效能感的人更容易从失败中恢复过来。面对事情，他们只考虑如何处理这些事情，而不是徒劳地担心会出现什么问题。"值得注意的是，摆脱你的舒适区并不仅仅意味着努力尝试，还意味着要尝试可能稍微不舒服或者不熟悉的不同方法，让你处于自己的延伸区。

好的计划有哪些构成要素

1.评估你的当前技能与知识，确保自己了解延伸目标是什么样子。

2.制定小的、现实且可行的目标（为你的大目标服务），可以让你处于自己的延伸区。

3.细化你的计划：你练习这项技能的时间、地点、内容与方式是什么？

如果你是里卡多，而且想要改善自己的公共演讲能力，这个整体目标不错，但这不是你可以通过练习得到的明确且具体的目标。请牢记，宏大而且模糊的目标会让你回到疲劳之轮上。相反，你要分解目标并制订计划：为了改善自己的公共演讲能力，你现在到底需要做些什么？你可以将在说话时减少使用"嗯"的次数定为一个小目标。这是一个相当具体的目标。接下来，你需要使它更现实而且可行。你在下周什么时候练习这个目标？你有什么计划来确保自己会练习？一旦你制定了目标与计划，你如何进行自我监测？你会要求别人给你提供反馈吗？如果要求了，你将自己衡量进步的标准告诉他们了吗？

练习：将你的尝试视为一系列实验

"我的目标是不会快速失败。""我的目标是获得长远成功。"这两个目标不是一回事。

——马克·安德森（Marc Andreessen）

空气中弥漫着咖啡的味道和附近海浪的咸味,我的发小泰勒·福克斯(Tyler Fox)坐在对面,说道:"我感觉自己的大脑无须处理正在发生的事情。我训练很多,以至于自己的身体都开始流动。这是世上最好的感觉了。"泰勒是一位职业冲浪者,因为曾在世界上一些大海浪上冲浪而出名,这些冲浪点被命名为"奇才天生",十分具有讽刺意味。在这里,每年冬天,当波峰超过7.5米、最高点超过18米时,就会举行邀请赛。泰勒已经连续三次受邀参加"奇才天生"比赛。我对人们如何为这些赛事进行练习感到好奇,于是和泰勒一起坐下来,询问他的练习过程。

泰勒谈到自己为这些比赛所做的准备,他说自己以高度专心、专注的态度来练习:"这一切都与专心有关。我决不能分心。分心意味着更容易犯错。"而且,在练习中,他始终确保带上其他职业冲浪者来为自己提供反馈与鼓励。"如果我只进行自我评估,我该如何改进?"最后,在准备这个比赛时,泰勒并不相信"奇才天生"。他解释:"我并不是在某天醒来,就决定到世界上最大的海浪上去冲浪。哈!那太疯狂了。我必须竭尽全力练习冲浪,虽然慢,但肯定能达到目标。"泰勒在首次参加"奇才天生"比赛之前,花费数周、数月、数年的时间进行练习。

泰勒像一位科学家一样研究波浪,研究各种冲浪板对特定条件的反应,试验不同的姿势与脚位,回顾与观看过去比赛的视频,重复同一种方法,改进每一次尝试,直至感觉合适而且尽可能舒服。随着时间的推移,通过专心且有意识的练习,加上朋友的反馈,泰勒慢慢地走出自己的舒适区,缓慢但坚定地进入12米高的波浪口。

行为节奏的三个"P"中的第二个为练习,涉及将练习视为一系列的学习实验,就像泰勒所做的那样。实验往往从假设开始,没有好或者坏的结果,实验的目标是增加知识。在练习中,知识就是力量,原因是它将你从盲目带入有意识。如果在练习中没有学习，你就仍然对事物在认知上无知，而这可能会使你看不到那些让你感觉不好的方面，也无法让你提高适应性或者成长。通过适当专注的练习方法，你将能以更实际、更有效的方法来看待事物。在里卡多的例子中，很明显他试着从"努力工作，承担巨大风险"的心态转向实验性的"我能学到什么来取得进步"的心态。

毫不意外，像泰勒这样具有稳定脉搏的人将练习作为一种学习过程。对于他们来说，失败代表着"学习的首次尝试"。怀着实验性心态，练习朝着目标前进，能使你更频繁地走出自己的舒适区，因为即使你失败了，你也可以从自己的过失中吸取教训，最终更接近想要的结果。

对比起来，"奇才天生"的思维方式通常是非黑即白的——你要么成功，要么失败。实际上，实验的主要目标是利用练习时间来了解不管哪种结果背后的原因。因此，不管是对是错，你都在学习，朝着未来的成功努力。

能够随着时间推移维持稳定个人脉搏的成功人士，也不是从来没有失败过。但他们了解如何抱着学习的心态练习。他们学会了将失败当作有价值的信息，使自己更接近想要的结果。例如，尽管新可口可乐的推出是一次巨大的营销失败，可口可乐前首席执行官罗伯特·戈伊苏埃塔（Roberto Goizueta）却重新聘请了推出新可口可乐的人。戈伊苏埃塔认识到，如果不努力理解失败背后的原因，就会失去大量有价值的信息。他说："一旦你开始逃避失败，你就会原地踏步。"

我喜欢将那些抱着实验心态进行练习的人称为"学习者"，因为他们热衷于学习，而不受具体结果的牵制。"学习者"不仅仅是吸收信息的"海绵"，他们还会采用机智的方式来运用自己的知识，这使得他们对公司和团队格外重要，因为他们创新更快，效率更高，灵活性更强。旨在学习的成功练习涉及两个关键行为：反馈与专心。和泰勒请他的冲浪伙伴对自己的练习进行反馈一样,"学习者"接受并寻求帮助来推动成长,无论帮助是来自指导者、教练还是来自伙伴。而且,在练习时,"学习者"的专注带有很强的目的性。如果一个人的思维错乱而且分散,他意识到此刻发生的事情并从中吸取教训的概率会很低,很少会有改进。

这种方法的优势是减少挫败感,增强自我效能感,因为不管你的进步多么微小,你都在向着自己的目标前进,积累新知识,而且变得更加容易觉察。当你持有这种心态时,正如苏珊·B.安东尼(Susan B. Anthony)所说的那样,"你不可能失败"。

哪些因素对扎实练习有着促进作用

1.以学习的心态进行练习。

2.在练习时集中注意力,尽可能做到不分心。

3.在练习中获得反馈并进行严格的自我监测。

这里的关键是将你的练习视为一系列试验。就像人类学家高度关注自己观察的社会环境一样,你必须全神贯注地对待所练习的任何事情。你不能只是简单地遵循指示或者步骤,因为同时处理多项任务或者关注于小而具体的计划之外的事情,而导致自己分神。

思考:反思与整合

我们不是从经验中吸取教训,而是从对经验的反思中吸取教训。

——约翰·杜威(John Dewey)

克里斯汀(Christine)是我大学一年级时的室友,也是二十多年的老朋友。当我们追忆共度的时光时,克里斯汀经常会开玩笑说:"你看视频的时间几乎和你实际上练习跳舞的时间一样长！"在考虑成为一名心理学家之前，我曾想成为一名舞蹈家。高中之后，我有幸在玛尼·伍德（Marni Wood）与克里斯托弗·多尔德（Christopher Dolder）的指导下深入学习舞蹈，他们两人之前都是独奏者，还直接与现代舞之母玛莎·葛兰姆（Martha Graham）合作。我的一个重要练习是回放自己在各种场合的舞蹈录像带。通过练习，我和教练能够分解并分析我在编舞中数错节拍或者动作没有做到位的部分。这些视频还使我看到了自己做得好的地方，然后不断强化。

幸运的是，克里斯汀宽容地允许我每天花费数小时来看视频，电视播放着我跳舞时所伴奏的古典音乐，填满了我们共处的小小房间。为了成长而对表现进行反思与回顾，绝不是什么新概念。将观看视频作为正常训练的一部分，成为许多运动的标准做法，在竞赛季尤其如此。大多数职业运动员都会记录自己的表现指标、学习要点、见解以及动作顺序，以便定期回顾与反思。

行为节奏的三个"P"中的第三个为思考，涉及对练习期间收集的反馈与学习要点进行深思熟虑的整合。思考的目标是组织在练习期间收集到的知识，并以最有效的方式加以利用，进而改进未来规划与练习。虽然你可能无法像优秀运动员那样将自己的练习录像，但是简单地回顾自己的练习也能提供有助于你进步的重要信息。持续的反思不仅使你能够汇总数据，而且能使你建立专业的思维模型（例如，了解提高自己技能所需要的因素）。你可以利用自己收集的知识，改进你努力的方向，进而随着时间推移逐步掌握一项又一项的技能。

回到里卡多的例子上来。如果他在找我之前，在试着改善他公共演讲技能的整个过程中花费时间来思考什么对他起作用，什么对他不起作用，他会更清楚地明白，自己在这方面为什么没有取得进展，未来可以尝试做出哪些改进来实现进一步发展。

以下是我鼓励学员思考时常提的一些问题：什么能够起作用？它起到的作用有多大？什么能够起到更好的作用？还有哪些方式能够实现这一点？它为什么不起作用？什么压根不起一点作用？

拥有稳定脉搏的人明白，花费时间思考来掌控自己的进步也是保持积极性的关键。当我们朝着大目标努力时，随着时间推移，我们很容易屈从于安乐，这是人之常情。尽管生活或者事件朝着积极方向发展，我们还是会快速返回原本稳定的愉悦状态。换句话说，我们可能很容易忽略自己已经取得的进步。为了不失去前进的动力，注意到（甚至短暂地庆祝）前进的每一小步就显得很重要。认识到自己的进步（尽管可能是很小的进步，例如发现某种方法并不起作用）对于持续成功是一种有效的练习。然而，如果你没有追踪或记录自己的进步以及学习要点，尤其是在涉及微小的持续成长时，你就很容易错过见证自己正在取得的进步。

哈佛商学院的特蕾莎·阿玛比尔（Teresa Amabile）进行的研究，显示了每天追踪微小成就的做法如何提高职场人士的积极性与参与度。她与史蒂文·克莱默（Steven Kramer）合著的《进步定律》（*The Progress Principle*）一书强调了一项研究成果：即使只有微小的进步，朝着重要目标稳步前进的感觉也会带来积极性与精神面貌方面的重大差异。这是因为无论多么微小的成就，都能激活我们脑海中的奖赏回路。当开启此通道时，关键的化学物质被释放，带给你成就感与自豪感。从本质上讲，当你花时间思考和反思自己的进步时，你就有更多的机会去庆祝这种进步（无论这种进步多么微小），由此确保自己的个人脉搏时刻保持稳定。

如何进行充分思考

1.持续记录你的学习与进步。

2.通过聚焦反思，组织、分析与强化学习要点。

3.使用学习要点来改进你下一练习周期的计划。这里的关键词是改进。这一点不在于更努力地尝试，而在于使用你学到的知识，以不同的方式来处理事情。你不必更努力地尝试，而是要考虑迭代、更新、逐步发展。

4.记得在此过程中庆祝微小的胜利。

将行为节奏的三个"P"结合起来

风险是相对的。尽管你可能不会像霍诺尔德那样挑战有死亡风险的目标，但通过不断走出自己的舒适区，设法学习新的东西，你也可能面临风险。霍诺尔德爬上酋长岩所容许的误差始终比我们所容许的误差要小，但是通过他在行为节奏上的努力，他能够尽可能地降低风险（不管怎样，他没有使用任何登山安全带与绳索）。对你而言同样如此。通过这种方法，你可以在确保自己或者你的个人脉搏不处于危险的情况下，学着去冒险。

回顾前文所述的里卡多的案例（表1-1），你可以明白里卡多如何通过微小、现实而且可行的努力，有意识地朝着较大目标前进，同时利用行为节奏的三个"P"降低风险。

表1-1 里卡多的首个延伸螺旋式的行为节奏工作表

目标	在这里写下你的大目标。 提高公共演讲技能。

续表

思考过去有关此目标的经验，分解你的大目标。
- 根据你有关此目标的经验，写下很可能让你进入自己延伸区的条件。

  当我必须在5个或5个以上的人面前讲话，而且发言超过5分钟时，我就开始感到压力。

根据这些条件，制订具体的练习计划。
- 你到底做了什么样的练习计划？

  在下一次团队会议上，我的发言时间要稍微长一点（10分钟）。注意：我的团队有6名成员，因此就观众数量而言，我并不感觉什么压力，这就使我可以把注意力仅放在延长发言时间上。
- 你衡量自我进步的确切标准是什么？确保标准简洁，重点关注最多一两件事情。

  我在说话时说了太多的"嗯"。所以我重点关注：在讲话时，减少说"嗯"的次数。
- 你对这个练习计划设定的延伸区数值是多少？

  我将其设定为6.5。

计划

确保你的计划在实践方面切实可行。
- 你在下周什么时候练习这个目标？

  我们在每星期三召开周例会。我在那时就可以朝着此目标练习了。
- 你有什么计划来确保自己能够实施？

  我会和老板谈一下，看看我是否可以在我们即将召开的会议上做一次简短发言。

制订获得反馈的计划。
- 你会要求别人给你提供反馈吗？如果有要求，你将自己衡量自我进步的标准告诉他们了吗？

  我会将自己减少说"嗯"的目标告诉朋友和队友（出色的演讲者），并让他们在会议中对我进行观察，写下他们给我的任何反馈。
- 你会进行自我监测吗？如果会，你是怎么做的？

  我会关注自己随时间变化的感觉，以及什么起作用而什么不起作用（依据我的演讲准备）。我会在会议结束之后预留5分钟，记录自己的学习要点，以便改进自己的下一个计划。

续表

练习	**最大限度地进行专心练习。** • 确保尽量减少分心。 　我关掉了手机。 • 确保专注于正在做的事情。 　我保证全神贯注于工作。我甚至做了两分钟的深呼吸来集中注意力。 • 记得将你的练习当作实验来对待（即，你是否成功并不重要，重要的是你收集到了什么起作用而什么不起作用的信息）。 　我提醒自己：我在这里是为了学习和观察自己，成功与否并不重要。通过这种方式，我抱着实验心态开始练习。
思考	**引导你内心的"学习者"。** • 在你进行练习的同一天，抽出时间（即使只有5分钟）来记录自己的学习、反馈与进步。 　我真的很喜欢在演讲之后整理自己的观察结果、队友的反馈，以及学习体会。在练习了一些想要改进的东西之后，我从来没有如此仔细地反思自己的表现。这使我想起了，当我在赛道上时，我的教练会和我在练习之后进行回顾！ • 通过聚焦反思，组织、分析与强化学习要点。询问自己上面示例的问题：什么能够起作用？它到底为什么能够起作用？什么能够起到更好的作用？它为什么不起作用？什么压根不起一点作用？ 　根据我收集的数据与见解，我注意到当我语速较慢而且面带微笑的时候，我感觉比较自在而且会说较少的"嗯"。当我语速较快时，我使用"嗯"的次数就会增加。我还注意到，随着时间推移，我的语速会变快。 • 使用学习要点来改进你下一练习周期的计划。这一点不在于更努力地尝试，而在于使用你学到的知识，以不同的方式来处理事情。询问自己上面示例的问题：还有什么其他方式能够实现这一点？ 　下一次，我会保持演讲时长与观众数量不变，但改进自己的计划，重点关注放慢语速并微笑，尤其是在后一部分演讲中。我推测，通过重点关注放慢语速并微笑，我可以降低使用"嗯"的次数。 • 记得在此过程中庆祝微小的胜利！ 　我还确保自己停下来庆祝今天的努力。我认为做到这一点太难了，因为我已经这么忙了。但是，像这样分解并勾画出来，减少了行动成本，而且使其看起来不像大工程（就像我设法在全体大会上发言）。

● 延伸螺旋线

就像本书引言所讨论的那样，新的工作世界要求我们学会处理模糊性，了解让我们在挑战面前保持积极性的因素，采用那些会带来秩序而非更多不确定性的策略与行为。行为节奏是一种提高可预测性并降低风险的行为方法。借助行为节奏的三个"P"，通过逐渐延伸自我来实现更大的目标，你就可以实现成长，而不会失去积极性，经历职业倦怠或者不知所措，也就是说维持稳定的个人脉搏。你无须骑在疲劳之轮上，让自己置身于晕动病的风险之中，相反你可以利用我所说的延伸螺旋线，以一种精力充沛的方式继续成长。如果你关注单个延伸螺旋，你可以看到计划、练习与思考的行为如何产生新知的迭代循环，这最终会完善与修改你的下一步计划（图1-3）。

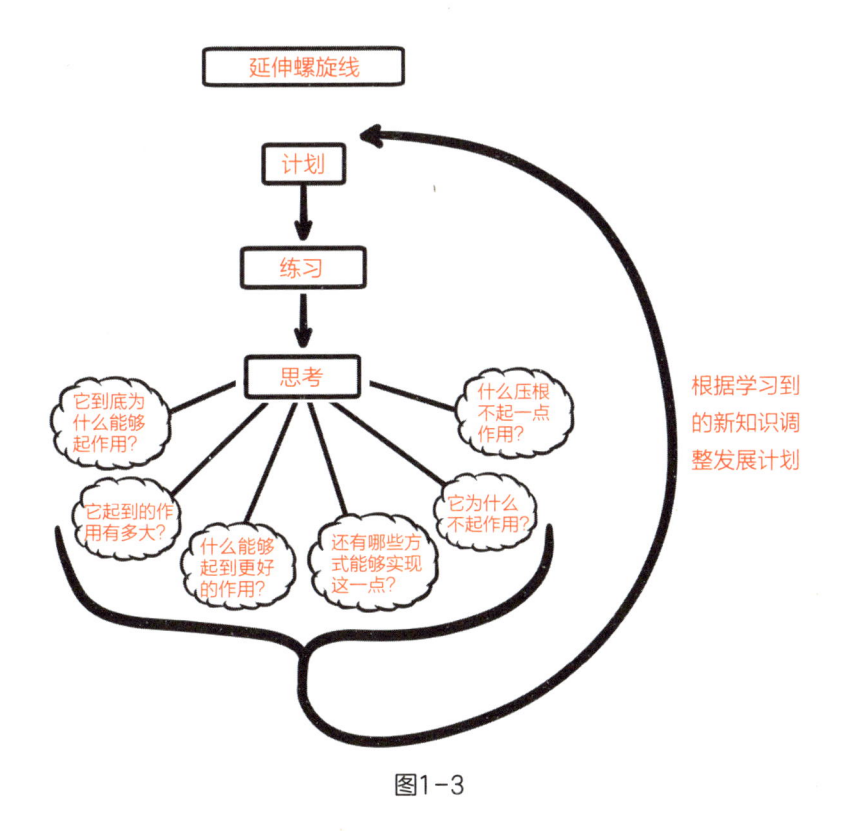

图1-3

你的职业脉搏稳定吗？

当你跳出来时，你可以在图1-4中看到，随着时间推移，重复的延伸螺旋线使你能够在维持自己个人脉搏的同时，越来越接近自己的目标。

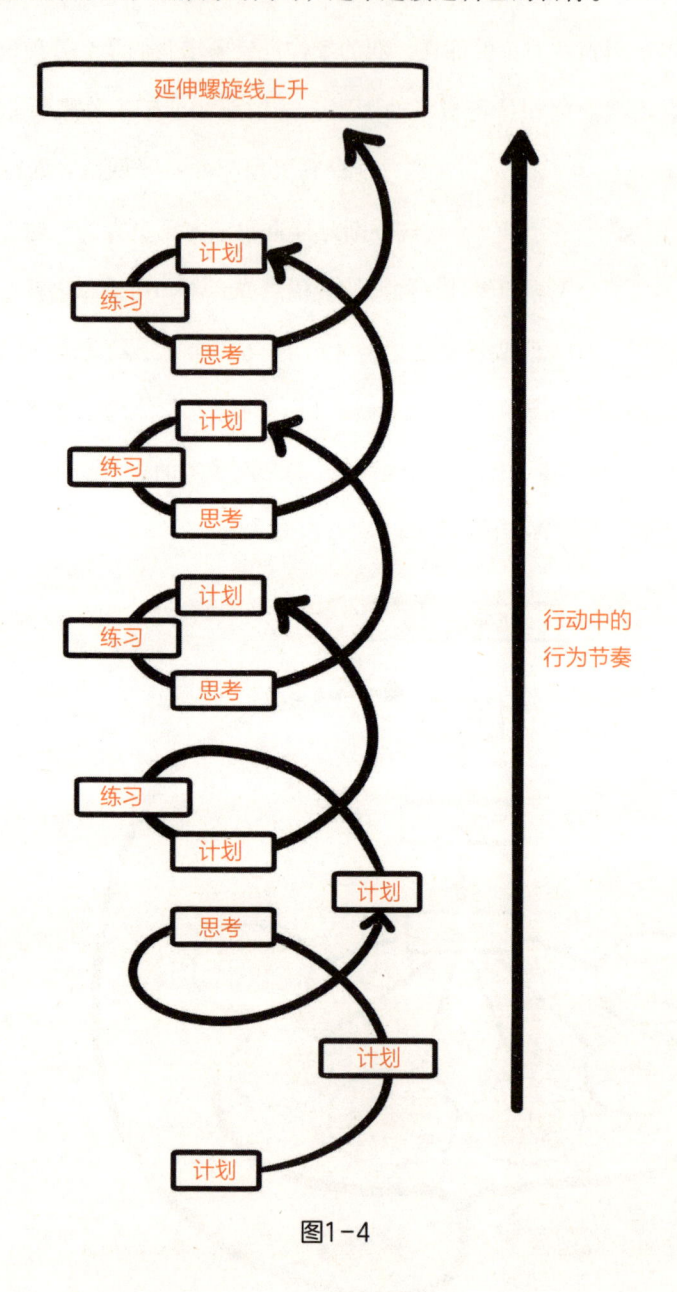

延伸螺旋线上升

计划
练习
思考

计划
练习
思考

计划
练习
思考

练习
计划

计划
思考

计划

计划

行动中的
行为节奏

图1-4

新的工作世界中的行为节奏

行为节奏的概念源于一项研究，这项研究最初的目的是思考如何成为某方面的专家，但是它也可以用来有效地，更重要的是可持续地提高你学习新技能的能力。由于社会的持续创新，在21世纪工作意味着你必须为应对变化做好准备，例如能够彻底改变你的工作性质的技术发展。数字革命要求你不但要有效地适应工作环境方面不可避免的变化，而且要能够快速有效地获得新技能。

现代生活的现实情况是这样的：我们的时间已经很有限了，而且我们有很多事情要做，很难抽出时间来增加新技能或者改进技能。这正是行为节奏的优势所在——它能够使你更有效地掌握新技能，减少挫败感、困惑与怀疑。尽管我们可能根本不具备亚历克斯·霍诺尔德那样出类拔萃的运动能力或者有条不紊的思维方式，但我们可以追随他的脚步，在努力改进和学习新技能的同时，掌握更有效地学习并保持积极性的方法。

亚历克斯·霍诺尔德战胜"无法完成的"攀岩这类超级难题，可能需要数千小时的专注努力，但好在，我们接受训练不是为了攀登世界上最令人印象深刻的攀岩墙。哪怕仅仅是培养你增强自我技能的能力，确保技能足以满足自己的长远计划，也会为你的工作带来巨大益处。换句话说，你无须达到专家水平，你只需成为了解行为节奏过程的专家，以便利用最有效而且可持续的方式来适应并学习。行为节奏是技能获取的核心；它使你能够在一直维持稳定个人脉搏的同时，快速而有效地获取新技能。

行为节奏还能为你提供具体的基本框架，帮助你学习新技能。当你具备这样的稳定基础，就很可能会接受陌生事物。此框架不但在你面临工作性质转变因而需要学习新技能时，使你能够继续实现自我成长与突破，还能够帮助你建立更稳固的成长型思维。

成长型思维是斯坦福大学心理学家卡罗尔·德韦克提出的概念。卡罗尔·德韦克的研究发现，成长型思维是一种将挑战视为学习机会而非需克服的障碍的思维。拥有成长型思维的人会以建设性思维应对问题，而且他们的行为显示出勇敢挑战的毅力。而固定型思维的人们认为智力或者天赋等基本素质是固定的特征，只有天赋才能创造成功；这可能导致他们在面对逆境时会逃避挑战或者放弃。

通过行为节奏的练习，你会更倾向于像"学习者"一样思考，同时寻求新的知识与技能来扩展你学到的知识。通过更用心和有意识地规划目标，在练习中采用实验与学习第一的思维方式，将新知识应用于更有效的发展，你会将成长型思维融入你的进步方法中。德韦克的研究发现，具有成长型思维的人更加坚韧不拔，更能坚持到底，而且不会放弃任何能够促成可持续成功的事情。

或许，你应该了解的最重要的一点，也是我告诉所有学员的一点是，对于大多数人来说，行为节奏是与你在学校的学习方法非常不同的一种学习过程（图1–5）。行为节奏还与我们通常所认为的关于成功要素的许多观念相矛盾。

计划：创造适当的压力

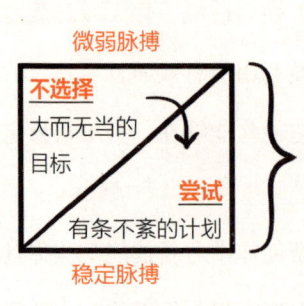

如何制订好的计划

- 评估你的当前技能与知识，确保自己了解好的延伸目标是什么样子。
- 制定小的、现实且可行的目标（为你的较大目标服务），可以让你处于自己的延伸区。
- 详细说明你的计划：你练习这项技能的时间、地点、内容与方式是什么？

微弱脉搏
不选择 大而无当的目标
尝试 有条不紊的计划
稳定脉搏

练习：将你的尝试视为一系列实验

如何进行扎实的练习

- 以学习的心态进行练习。
- 在练习时集中注意力。
- 尽可能做到不分心。
- 收集关于练习的反馈，并进行密切的自我监测。

思考：反思与整合

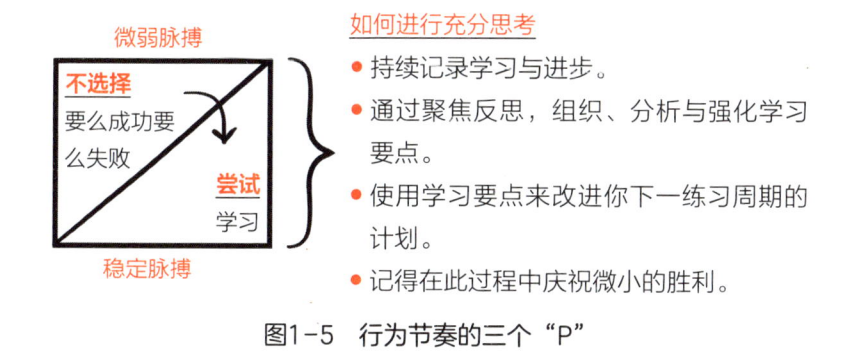

如何进行充分思考

- 持续记录学习与进步。
- 通过聚焦反思，组织、分析与强化学习要点。
- 使用学习要点来改进你下一练习周期的计划。
- 记得在此过程中庆祝微小的胜利。

图1-5 行为节奏的三个"P"

行为节奏提示

- **稳定的心跳表明健康——这同样适用于建立稳定的个人脉搏。**可持续成功要求持续不断的努力。我建议你每周与自己进行五分钟谈话。在你的日程表中标出这段时间。每到这个时候，打开自己的进步文档，开启你的下一个计划—练习—思考的延伸螺旋。

- **记录、记录、记录。**找一个记事本，或者在你的电话或电脑上记录。就像你利用运动跟踪器来监测自己的脚步与锻炼习惯，以达到健康目的一样，你的个人和职业发展目标也需要这样。至关重要的一点是，你必须追踪自己所学的东西以及自己的进步。

● **找到方法来获取有关自己练习成果的反馈，或者找一个有责任心的合作伙伴。** 与一两个亲密的朋友或者合作者分享你的目标，或者与教练一起开展工作。研究发现，当你与他人分享目标时，你更可能坚持到底。而且，获得反馈（最好从那些在你努力取得进步的领域特别精通的人身上获得反馈）以确保你获得对自己努力的客观看法。

● **利用有条理的思维方式。** 行为节奏的重要好处就是直截了当。你只需决定练习内容，找到最佳的练习方法，花时间练习，然后反思自己的练习方法。没有比它更棒的办法了——除了战略性与有条理的工作。

● **不要期待立竿见影。** 仅仅期待，你所投入的总时间，将会比你盲目努力、最终深陷疲劳之轮所耗费的时间少得多。

第二章
整理思维

你的职业脉搏稳定吗？

● 注重医疗

在美国医学院著名的白大褂典礼上，医学院新生诵读希波克拉底誓言（Hippocratic Oath）进入医疗行业，这是极其重要的入学仪式。对于大多数进入这一行业的人来说，此誓言象征着他们通过"首先，请不要伤害"的起誓，承诺在此后的职业生涯中服务人类和患者。这个重要的日子带来了太多的希望、承诺与自豪感。而且，正如我们在新冠肺炎疫情防控期间看到的诸多报道所显示的那样，这些人始终坚持誓言，为了至善而像超级英雄一样义无反顾地牺牲自己的幸福。

令人遗憾的是，白大褂并不能兼作超级英雄的斗篷，使医务人员逃脱职业倦怠的魔爪。尽管这些勇敢的人努力不伤害患者，但在这一过程中，他们中的许多人却发现自己受到了越来越多的精神、情感与身体疲惫的伤害。这些人每天都要面对悲痛、痛苦以及他人的痛苦。然而，他们接受的训练是坚持服务一个又一个的患者，而没有明确的规则手册或者协议来教导他们如何应对工作或者从心理上放下工作。慢慢地，随着时间的推移，这些事件逐渐累积，就像腐蚀性的液滴，一旦积累到一定量，就会对医生的个人脉搏造成严重的不良影响。据估计，在每时每刻美国都有30%~40%的医生感受到职业倦怠。高达60%的医生报告说，他们在职业生涯中经历过职业倦怠。或许最令人心碎的是，医生结束自己生命的概率是普通人的两倍。

在单人轮班过程中，需要医务工作者关注的一些彼此冲突的要求相当令人费解。除了被期望拥有良好的对待病人的态度，以及几乎完美的诊断技能，医务工作者还必须留意保险限额、图表、转诊、实验室指令等。这不但会对他们与患者的互动产生不良影响（注意力分散的医生很少能安抚患者），还会对他们自己的幸福与活力产生消极影响。在《纽约时报》一篇题为《利用正念缓解医生职业倦怠》（"Easing Doctor Burnout with Mindfulness"）的文章中，陈葆琳博士描述了她一天中发人深省的时刻：

我走进诊室倾听患者的诉说，思维却有些跟不上，因为我努力使自己不再回想刚刚对我厉声斥责的同事，未完成的堆积如山的文书，以及今天早些时候碰到的癌症扩散的年轻患者。我对自己新患者病情的想法也混合在一起，但是我无法专注于此，因为我担忧我可能没有给自己的最后一位患者安排关键化验，我忘了给另一位患者打电话，以及我已经落后于预定计划。

幸运的是，在注意到她自己的思维模式之后，陈博士做了极大的努力对此做进一步研究。在此过程中，她发现了一些研究文献，涉及正念（留意自己在目前时刻的思维与经验，不加判断）对于医务工作者抑制压力、促进他们与患者用心沟通方面的益处。

陈博士并非唯一的发现者。有关正念对医生及医疗服务提供者的益处的研究开始出现，而且这种研究很有前景，从业者也开始注意并感受到了这些益处。罗切斯特大学（University of Rochester）医学和牙科学院开设了一门正念沟通的课程，发现它能降低职业倦怠，增加以患者为中心的护理相关的幸福感及态度。另一项观察照顾艾滋病患者的临床医生的研究发现，那些认为自己更专注的人有着较高的患者满意度，而且更多地进行以患者为中心的交流。一项令人鼓舞的研究将正念作为一项预防机制，用于帮助医学生降低心理痛苦并提高幸福感。考虑到几乎一半的三年级医学生都报告有职业倦怠，这项研究再及时不过了。尽管减轻这一行业内的职业倦怠仍需要较大的系统性改变，医生和医务工作者通过这些练习，可以采取预防行动，将其作为缓解工作复合压力源的方式，确保他们不但不伤害患者，也不伤害自己。

不管你是否每天面临着和医务工作者同类的压力源，我们都有必要强调在这些工作中保持冷静的益处，因为临床工作是在不稳定、不确定、复杂与模糊（VUCA）环境中工作的最典型例子。该首字母缩略词由美国陆军首次提出，用于描述冷战后的世界。随后，各个行业的领导者都使用这四个词来描述当今商业环境的动荡与不可预测性：变化加速（不稳定性），可预测性日益缺乏（不确定性），各种变量的联动与互相影响（复杂性），解读错误和意思含混不清的可能性很大（模糊性）。对于那些从事医疗服务等高度紧张职业的人来说，专注于保持头脑清晰的核心能力可以带来巨大的好处。这一事实有力地证明，这种练习对所有希望在不稳定、不确定、复杂与模糊的工作世界中维持稳定个人脉搏的人有益。

● "心理韧性"的迷思

心灵不因时间地点而改变。心灵是自主的地方，一念起，天堂变地狱；一念灭，地狱变天堂。

——约翰·弥尔顿（John Milton）

正如《综合医院》（General Hospital）等知名电视节目所展示的那样，流行文化描绘了一种精神上不可动摇的医生的形象。无数电影和电视节目都讲述了医生的故事，这些医生即使遇到最艰难的环境，也保持着天生不动摇的心态。但是，对医生这种心理韧性的描述真的符合现实情况吗？

尽管医生与医疗服务提供者可能有着超级英雄式的工作，他们却并非天生就有超级英雄的力量或者思维；他们是和你我一样的凡人。就如陈博士故事中所显示的那样，临床医生和任何人一样，也可能会受到长期不断的压力与令人不知所措的情况的影响。然而，具有讽刺意味的是，许多人认为对于心理韧性只有两种可能：要么有，要么没有。实际情况是，即使你天生就有某些方面的心理韧性，但是高心理韧性来自练习与自律。心理韧性是一项可以学习、训练与发展的技能。那些在高压行业中最成功的人能够一直维持稳定个人脉搏，并实现持续成功，原因不在于他们天生就有强大的心理韧性，而在于他们有意识地抽出时间来留意自己的思想，训练自己更敏锐地观察思想。

思维是一种有用的工具。我们的大脑具有前所未有的能力来处理与分析信息。然而，和任何高性能的东西一样，思维也需要定期保养与维护。考虑到下列情况，尤其如此：我们要依靠自己的思维，而思维正是我们在世界上感受与活动的控制中心。然而，据我们所知，我们很容易将清晰思维所带来的益处与生活质量视为理所当然。当谈论到心理韧性时，人们也会产生误解，即如果整体上感觉压力不太大，就无须将注意力放在管理自己的思维上。但考虑到维持持续成功与稳定个人脉搏，这就与事实相差甚远了。我们大多数人每六个月预约一次牙医。我们每天刷牙并用牙线清洁牙齿，以保持口腔卫生。我们对汽车保养并更换机油，确保汽车保持最佳状态。我们通过理发、洗脸、洗衣服来维持个人形象。我们利用电脑上的电子表格与文件来维持重要数据的条理性。考虑到我们为了使生活许多方面维持有序状态所花费的精力，为什么不能积极努力维持精神卫生的良好状态呢？

积极进行保持头脑清晰的练习（无论是通过正念练习，还是检查与重新评估你的思维，或者使用呼吸技巧使大脑冷静），可以保护你免受精神压力的影响。如果不加以控制，长期不断的压力可能会对你的头脑与思维模式造成严重的不良影响。当处于高压之下时，你感觉混乱与健忘就不足为奇了。可是，从长远来看，压力可能实际上会影响你的记忆力，改变你的大脑。神经科学家发现，长期不断的压力会引发大脑结构的长期变化，这可能会使你更容易出现焦虑与情绪障碍。这就是为什么重要的是有规律地训练你的头脑，留意无用的思维模式，从而防止形成较坏的神经通路。你无须为了在新的工作世界维持成功而极力培养心理韧性，你需要发展技能来揭示于事无补的思维模式。你的最终目标是学会如何培养内心的平静。

怦然心动的思维整理魔法

在刺激与反应之间，有一个空间。在这个空间里，我们有能力选择自己的反应。我们的反应则展示了我们的成长与自由。

——维克多·弗兰克（Viktor Frank）

当我在搬家，并且想努力弄明白如何将箱子装满东西时，近藤麻理惠（Marie Kondo）的畅销书《怦然心动的人生整理魔法》出版了。我开始仔细查看自己的东西，清楚地意识到自己在收拾时是多么的无意识。我保存着甚至与自己的床垫尺寸不符的破旧床单套，好几年没有穿过的冬季毛线衫，以及只是为了"以防万一"的两条尺寸太小的牛仔裤。我还重新发现了曾经给我带来太多喜悦，却已经被遗忘的书籍与物品。我整理的东西越多，我越是认识到自己投入太多的精力去设法保留那些我甚至根本没有意识到的东西。我感觉自己释然了，而且能够完全掌控自己长时间积累起来的所有"混乱"。既然认识到了这些，我就可以做些与此有关的事情。我可以选择丢弃、保留、保存或者积极利用这些东西。我终于不再任凭我的东西摆布了，因为意识让我重获控制权。近藤麻理惠教会我们逐项盘点生活空间的每一件物品以求得安静，研究也显示我们可以用同样的方式求得头脑清晰，以便减少压力，缓解职业倦怠，提高恢复力。我们可以将这视为更加留意自己的注意力。

当我指出"整理思维"时，我不是说要完全让自己的大脑放空，也不是说要变为呆板的机械思考者。我说的是要积极主动地训练自己，使自己能够将注意力集中在头脑中的事情上。你的想法影响着一切。如果你不注意保持头脑清晰，你会不断地通过自己的筛选程序、偏见与主观解释来看待这个世界。想成为一个健康的人，我们就要觉察到自我，以及我们是如何在世界上展现自我的。你越是能觉察到自己的想法，就越能觉察、留心、注意与了解自己实际经历的事情。你越是能觉察到自己思考的东西，就越能阻止自己的思维陷入无用的疲惫、压力与焦虑中。正如本节开头引用维克多·弗兰克的话所准确描述的那样，整理思维是一种了解自己思维的艺术与科学，这样你就可以选择自己的反应，进而做出最佳选择。

在你生命中的某个时刻，你可能会被问到"你是乐观主义者还是悲观主义者"的问题。许多人努力成为乐观的人，在别人眼里"积极"的人；但事实是，当我们真正明白自己要有乐观的一面，也要有悲观的一面时，我们才会受益更多。重视一方面而排斥另一方面，会扭曲真实的你以及你对世界的体验。准确清晰地看待世界，会带来真正的确定性与平静。这并不意味着你不能决定将自己的注意力放在乐观的一面，它只是意味着如果你这样做，你也会觉察到另一面是悲观的。请将这看作务实的乐观主义——了解并接受生活的真实性，同时又有意地使用有益且可执行的方式来看待生活的真实性。同样，这里的关键是要有清晰的觉察，这会给你带来选择的能力。

清晰的思路是持续成功的核心。为了获得并维持成功，我们需要合理、现实地看待我们的经历。如果你对真实的看法与现实世界截然不同，你很难采取高产高效的措施。换句话说，如果你看不到真实的情况，你在处理这种情况上的努力将不会那么有效，而且很可能会付出更多的努力。觉察到自己脑海中产生的想法的益处在于，除了头脑的自动反应之外，你还能够做出其他更明智的反应。

缺乏觉察的危险性

当周一早晨我们在床上醒来，并想起今天我们必须跨越的各种障碍，我们会立刻感到悲伤、无聊与烦恼。而实际上我们还只是躺在床上。

——艾伦·瓦兹（Alan Watts）

你发现自己多长时间走神一次？正如艾伦·瓦兹的引文完美描述的那样，尽管你的身体可能处于像温暖的床这样安全可靠的地方，你的思绪可能完全在其他地方。我经常向自己的受训学员询问下列问题：你能描述一下我们见面之前你坐过的房间吗？他们中的大多数能够描述出座位安排，但是当我要求他们分享诸如墙上的艺术品或者地毯图案这类细节时，他们往往答不出来。我们都有过人在心不在的时刻。我们下班回家，却仍在考虑工作问题。工作时，我们却担心孩子、父母或家庭。我的许多学员都谈到了臭名昭著的"周日焦虑症"，他们在这一天过多地想象周末后面临的工作，以至于即使是与朋友一起外出，或者是在做可以带来快乐的事情，仍在大部分时间感到痛苦。在压力之下，我们很容易让各种想法扰乱思维，使其越来越偏离实际。

以我的一位学员丽贝卡（Rebecca）为例。她在一个高风险项目上投入大量时间与精力，希望这个项目可以提升自己的影响力，帮助自己获得晋升。当她走进我的办公室，坐在我对面的椅子上，我立刻观察到，她的思绪已经飘到了其他地方。因此，我提醒她集中注意力。

"丽贝卡，你在这里吗？"

"嗯，是的，吉门内斯博士，我正看着你。"

"是的，你的眼睛与身体都在这里，但是你的思绪现在在哪里？"

"我正竭尽所能集中注意力，但是我感觉特别不知所措而且困惑。我对此十分抱歉。我不断地告诉自己要专注于我们的谈话，但是我做不到。"

"你能告诉我你的思绪飘到哪里了吗？"

"嗯，正如你所知，我的计划取得了惊人的进步，以至于我上周把自己的报告发送给了我的一位导师。问题是我还没有收到他的回信。已经过去五天了，我还是没有得到'我目前不在办公室'的回复，甚至连'我会在本周晚些时候查看'的回复都没有。"

"所以，你将项目发给了导师，而没有收到回复，现在，你因为导师没有回复而感到困惑？"

"是的，我不断地想为什么他会忽视我。他知道的，他知道这个项目的重要性。前两次我们一起吃午餐时，我已经给他说过这个项目。我确信，他只是不想告诉我这个项目糟糕透了，才不回复我。我就知道。现在我忍不住想自己是如何投入了这么多而一无所获的。除此之外，我最亲密的一位好友在我真正需要他的时候，却在躲避我。我在这一周内都无法专注于任何会议。我忍不住想到这一切。我无法入睡。"

除非丽贝卡有读心术,否则她没有任何事实证据证明她的导师不喜欢她的项目,或者故意忽视她。她的思维已经远远偏离了现实,编造了没有回复她邮件的详细故事。丽贝卡陷入了这个编造的故事中,以至于她没有花时间来回头观察自己的思维,确保思维是清晰的。相反,她在经历痛苦,身体也做出反应,这就导致她无法入睡,使情况变得更加糟糕。如果置之不理,丽贝卡的头脑可能越来越受到这些想法的困扰,导致她很快陷入压力过大、过度紧张、不稳定的个人脉搏的状态中。

当知道丽贝卡并非罕见的例子时,你可能也不会太惊讶。据估计,高达70%的职场人士会在某个时间担心工作的问题。哈佛大学心理学家马修·基林斯沃思(Matthew Killingsworth)与丹尼尔·吉尔伯特(Daniel Gilbert)的研究显示,我们只有一半的时间(46.9%)花在了当下。没错——我们走神的时间接近工作或者日常生活的一半!

可以说,大多数人并不是一直在工作。但是由于混乱思维造成的无意识真的能够伤害我们吗?研究已经证实,凌乱的思维往往与消极情绪有关。在闲暇时间不断考虑工作会给健康与幸福带来负面效果,例如认知灵活性降低。凌乱的思维还可能会妨碍我们完全放下工作的能力,导致心理恢复不足,引发一系列健康问题,包括心血管病、疲劳、睡眠障碍。

我确定地在这里指出,并非所有的思维凌乱都是有害的。有时,凌乱的思维可能实际上对创造力与创新有益(我会在第三章做进一步介绍)。凌乱的思维是否有益,取决于你通过整理思维的练习觉察自己思维的能力。最重要的是你的凌乱思维是否受控。令人遗憾的是,在即时沟通、永不离线的工作世界中的生活和工作,就像混乱思维的肥料,当我们发现自己面对急剧变化可能产生的模糊性与不确定性时尤其如此。

我们都知道模糊性与不确定性会产生压力，但可能不那么显而易见的是，研究发现，不确定性比可预测的负面后果更能产生压力。实际上，研究表明，人们宁愿现在明确地被电击，也不愿意承受在不确定时间被电击的可能性。此外，那些等待不可预测的电击的人，比起明确知道自己会被电击的人，显示出更强的神经系统激活作用。你越是面临不确定性与压力，你的头脑就越想通过编故事带来确定性的幻觉，解决这种未知性。问题是，头脑通常编造的故事往往是对真实性的错误看法，就像前文介绍的丽贝卡的故事一样。如果你任由自己的思维运转，你可能很容易最终通过游乐场哈哈镜的反射来观察世界：事情被扭曲、放大，不一定准确或者清晰。我在自己的工作中亲眼看到的是，当你陷入心理韧性的错误观念时，你的混乱思维很容易带你踏上一段旅程，使你处于螺旋式下降状态，最终给你带来不稳定的个人脉搏。

比如，我的一位姓李的受训学员，由于她持续带领自己团队前行，并能够准时提交关键产品改进措施，最近晋升为高级产品经理。然而，在晋升之后，李女士接收了三名新的团队成员，发现自己需要花费比预期更多的时间，才能将这三名成员融入她团队的工作节奏与文化中。结果，李女士与她的团队开始赶不上要求的最后期限。当老板安排李女士临时突然开会时，她心神不宁，对这种不确定性忐忑不安，如图2-1所示。

从图2-1思维螺旋式下降过程图中可以看出，李女士陷入"心理韧性"的迷思，错误地认为自己的思维准确无误，而且相信自己只需要"坚强"，通过更加努力的工作来解决自己担心的问题。你可能猜到了，这给李女士带来了巨大的压力、沮丧与挫败感。

你的职业脉搏稳定吗？

担心
"我第一次无法赶上截止日期。这真糟糕。我没有成为自己认可的经理。"

批评
"现在，大家都会认为我没有为晋升做好准备。他们很可能是对的。如果我能够管理大型团队，我就不会处于这个位置了。"

内疚
"我必须向他们证明我不是一位不善管理的经理。我不能丢了工作。对于这次晋升，我已经付出太多努力。我必须要更加努力。我需要给自己的团队加把劲，让他们也更加努力地工作。我必须在周五之前扭转这个局面。时间到了！"

更多担心
"我真的非常担心。许多人在管理大型团队方面十分有经验，他们会迫不及待地抓住顶替我的机会。"

更多批评
"你的团队不再尊敬你。你的老板已经知道了这一点。你需要对团队成员采取强硬措施，解决这一点。"

持续下降势头

行动中的思维螺旋式下降

图2-1

上图中的思维螺旋式下降过程是常见的一种。当你未能停下来确定自己的思维是否准确时，你凌乱的思维很容易让你经历混乱思维的三个"C"：

- 担心（Concern）。你立刻将事件或者情况解释为事情出错的迹象。
- 批评（Criticism）。你指责自己没有预料到，或者未能准确地回应这种情况。
- 内疚（Consumed）。你愧疚自己本可以做得更好，或者可以做得更多一点。

通常出现的情况是，你遇到一个触发事件；你发现自己很担心，然后自我批评与判断；再然后，你内疚自己做错了事情，考虑如何能够弥补做错的事情，具有讽刺意味的是，这恰好会让你更加担心。这种螺旋式过程可以无穷无尽，往往从偶然的"头脑自动反应"开始，这出于你的潜意识，直至这种潜意识变得越来越强烈，最终表现为失眠、抑郁、不能专注于工作，以及其他更糟糕的问题。

李女士的这种螺旋式下降过程会引起你的共鸣吗？你是否会发现自己的思维有时严重超速运转？你是否尽力克服内心的自责，并阻止你维持稳定个人脉搏的声音？你是否发现自己的思维不断地飘到别处，一直思考过去发生的、将来可能发生的，或者实际上压根不可能发生的事情？如果你对这些问题中的任何一个做出肯定回答，这对你来说都是重要信息。这意味着两件事情。第一，你的混乱思维模式阻碍你在自己的道路上保持现状、专注与清醒；第二，你的大脑向你发出信号，要求你整理自己的思路。

● 消除螺旋式下降思维：整理思维的三个"C"

谨慎留意自己思维，来识别错误思维并以更有效的方式做出反应，这种练习是认知行为疗法（Cognitive Behavior Therapy，CBT）强大循证练习的基石。大量研究表明，这种练习对于管理一系列心理健康问题大有裨益。如果你有兴趣了解这种方法的更多信息，可参阅杰出的精神病学家大卫·伯恩斯所著《好心情》（*Feeling Great*）一书，它全面概述了这种对抑郁与焦虑的革命性疗法。

通过摆脱"心理韧性"的迷思，积极练习正念觉察，你就不易出现思绪游荡，减少内心波动，并准确地倾听内心的声音。越清晰就意味着越确定。在不确定、复杂与模糊的世界里，你给自己头脑最好的礼物之一就是准确地描述自己的经历。该如何破除"心理韧性"的迷思，并开始整理自己的思维呢？那就是借助整理思维的三个"C"：好奇（Curiosity）、关怀（Compassion）与校准（Calibration）。

好奇心：用求知欲代替担心

重要的是不要停止疑问，好奇心有其存在的理由。

——阿尔伯特·爱因斯坦

在整理思维的三个"C"中，第一个，或许也是最重要的"C"是利用强烈的"好奇心"（与担心对应）来回应自己的思维。就像在李女士的思维螺旋式下降过程中看到的那样，当我们面对不确定性或者不舒适时，我们很容易被误导，将其看作危险，并感到担心。这是因为进化使得人大脑对潜在不愉快的刺激建立起了较强的敏感度，从而让人们远离伤害并提高生存率。心理学家将这称为消极偏见。尽管我们在新的工作世界不会经常面临着生死攸关的情况（例如遇到剑齿虎），但当我们任由自己的思维运转时，就会出现无意识的偏见，我们会立即感到担心，并快速螺旋式升级为批评。

我们的消极偏见可能无处不在。实际上，在20世纪60年代，精神病学家先驱阿朗·贝克（Aaron Beck）确定这些具体思维错误（被称为"认知扭曲"）如何扭曲人的外表与情绪，在心理学与精神病学领域取得突破性进展。查看表2-1常见思维错误示例（改编自大卫·伯恩斯的《好心情》），勾选能够与你产生共鸣的那些思维错误。通常情况下，大多数人都有两到三个思维错误，这也是混乱思维默认的最大数量的思维错误，见图2-2。

表2-1 常见思维错误示例

读心术	情况：你在走廊里向经理问好。一般情况下，她会面带微笑回应你；然而这次，她只是轻轻点了点头，便很快从你身边走过。 思维错误：她一定是为我昨晚发送的邮件生气了。哦，天哪。 事实：在下午密集的会议开始之前，她急着去休息室休息一下，因此没能停下来打招呼。
全有或全无思维	情况：在连续超额完成目标之后，你迎来了一个不理想的销售季。 思维错误：市场在变化。我们的产品已失去实质作用。我们在不断失败。 事实：公司因为许多与该产品无关的因素，正经历一个艰难的季度。
心理滤镜	情况：你花费大量精力准备了一场研讨会。你拿到会议反馈，发现75%的评价都给予极大肯定。 思维错误：我下了这么大功夫，还是收到了这么多差评。这真让人沮丧。 事实：只有25%的参会者认为这个研究会在平均水平以下。
悲观预测	情况：你被分配了一个重要的项目，它对创新力与创造力要求较高。 思维错误：我已经能够预测出这个项目将要失败。即使我的团队提出最具创造性的解决方案，仍然无济于事。 事实：对此项目所做的限制为强大的创造力提供了条件。而且，我的团队乐于接受这个挑战。
都是我的错	情况：在深思熟虑之后，你决定在跨部门会议上举手并发表评论。由于神经紧张，你最终讲话速度比计划的要快。 思维错误：哦，我的天呀！我说话太快，让自己出洋相了。其他人会说我着急了。在我发言之后，没有太多人发言了。我确信自己的发言使每个人在接下来的会议时间里感觉不舒服。 事实：因为两个业务单位之间互相感觉有点不适，会议上发言的人就少了。会议上的每个人都神经紧张，十分在意表达自己观点时给别人留下的印象——这就导致他们实际上很少注意他人的发言。
应当表述	情况：你发现自己很疲惫，需要休息。 思维错误：你应该能够完成。你必须坚持下去。 事实：没有人的精力是无限的。如果你不断强迫自己前行，你可能最终会出现错误，甚至远远落后。

你的职业脉搏稳定吗？

读心术：你认为自己知道其他人在想什么。（我为自己生病的狗感到伤心、焦虑。／他在想有关我的坏事。）	**全有或全无思维**：你以对立观念来解释一切，认为事物要么好要么坏。一切都是非黑即白、非善即恶、非胜即败的。（失败——成功，没有中间状态）
心理滤镜：尽管你遇到事物的许多积极和/或中性因素，你却只盯着那些消极的方面。（那人皱眉了。我的表现一定糟糕透顶。）	**悲观预测**：你预测一些坏事情将要发生，尽管毫无证据，你仍将它视为事实。（我会让自己出洋相。我可以预测将要发生的事情。这会适得其反。我不会成功。我得不到那份工作。）
都是我的错：你认为发生在身边的每件坏事都是自己的错，即使你不对此事负责，你也认为这件事反映出自己的不足。（你为什么那样做？）	**应当表述**：通过说"我应当做这"或者"我必须做那"，给自己制造压力。当你无法完成时，你最终会感觉受挫且毫无激情。（但是我累了，想要休息。内疚、羞愧、必须做、应该做、压力）

图2-2 常见思维错误

利用好奇心而非担心来回应你的思维会产生巨大益处。第一，你可以实际上降低思考时的压力。当你出于担心努力抑制、消除多虑或者担忧时，研究表明，事与愿违，你实际上还是会进行更多压力重重的思考。传记作者沃尔特·艾萨克森（Walter Isaacson）引用史蒂夫·乔布斯（他不断进行正念练习来管理压力，并获得清晰思路）的一句话来描述这种现象："如果你坐下来静静观察，你会发现自己的心灵有多焦躁。如果你想让它平静，只会适得其反。"

第二，好奇心使你能够展示内心，并通过思考如何解释该情况来进行创造性练习。这会提高你接纳不确定性的能力，总体上让你形成更灵活的心态。当你以好奇的心态面对生活与工作时，你就会敞开自我去接受更多新观点与可能性，抓住更多机会来更好地了解其他人的观点。

第三，好奇心练习能够使你确定，自己什么时候思维清晰，什么时候值得担心。当然，并非你所有的担心与烦恼都是错误的。有些时候，你的思维正是对当下的准确解释。如果在利用好奇心来检查思维之后，你发现它是清晰的，这就可以保证你正在准确地感知事情。当你可能对自己正在经历的事情持怀疑态度时，这种方法就会派上用场。我曾接触过工作环境极恶劣的学员，他们对于过高的工作负担与时间要求的认知被扭曲。后来一些人修正自己思维的认识，得以确认自己的经验，开始确定他们的确需要与经理讨论来做出巨大改变，或者跳槽到更健康的工作环境。从本质上讲，好奇心就是让你对世界的看法与经验有更清晰的认识。

如何练习好奇心

当你下次发现自己对工作中的事件或者情况感到担心或者烦恼时，花一分钟停下来，做深呼吸，同时问自己下面一些问题，进行一些好奇心驱动的自我询问。

- 我正在有什么样的思维？
- 我能相信这些思维是真实和/或准确的吗？

- 支持与反对这些思维的证据有哪些？
- 我可能犯了一些思维错误吗？

通过询问自己这些问题，你可以克服自己凌乱的思维，更准确地看待自己和这个世界。请记住，控制你思维的力量在于你的内心——自我觉察是你作为人类的独特核心能力。通过好奇心，你可以防止思维控制你的现实，影响你的表现与选择。

关怀：用关心代替批评

恰恰相反，我们的文化不看重自我关怀。我们被告知，无论我们多么努力，我们最好的一面还不足够好。是时间做些改变了。

——克里斯汀·内夫（Kristen Neff）

正如我在本书引言中所提到的，我在研究生期间体验过职业倦怠，停止了有助于稳定我个人脉搏的练习，却发现自己精疲力竭而且身体不适。其中一次，在国际妇女节那天，我参加了一个全女性探险队，试图登上乞力马扎罗山。我确实登上了山顶，但是我的上山与下山过程都与辉煌无关。在登顶之日，我开始出现严重的高原反应症状，尤其感觉头疼欲裂，有严重的恶心与意识模糊。在某一时刻，我叫错了朋友的名字，我内心的声音对我大喊："喂，我很担心。我认为你需要掉头。"但是，我的混乱思维已经占了上风，而且自我批评的声音也变得活跃起来："你不能掉头，你几乎快要到山顶了。你是一位心理学家，对于如何获得最佳表现有着丰富知识；如果你不能利用自己的知识达到山顶，没有人会尊重你。你马上就到了。现在掉头的话，你绝对是疯了。你只是过度担心自己的健康——坚强起来，咬紧牙关挺过去。"

我最终听从了批评思维的指示，努力到达了山顶，设法按动快门拍下了"成功自拍"。我站在著名的白雪覆盖的标牌前面，微笑着举起双手，比画着胜利的手势。实际上，我哭得一团糟，几乎无法站直——至少可以这样说，我的批评思维并不能准确地描绘出现实情况。下山的路更糟糕。当时，我已经耗尽了所有的体能储备，而不得不每公里坐下来一次。实际上当我到达大本营的时候，我的嘴唇发紫，几乎没有任何力气，而且颤抖得无法控制。为了尽快将我转移到较低的海拔，四位勇敢的搬运工不得不抬着我，全速跑下这座非洲最高的山。我独自一人在管理站度过国际妇女节之夜，没有背包，而且非常担心自己的健康，这一切都是因为我的批评声音占据了主导地位。尽管我有一张在山顶的微笑照片，我的登顶之旅根本谈不上成功。我将自己置于危险之中，而且损害了自己的个人脉搏。在接下来的日子里，我花费时间进行反思，而且和自己的朋友、同样参加这次探险的丽贝卡谈话。当我们回顾自己的经历时，她问我这次冒险最大的收获是什么。我的回答是，毫无疑问，我了解到内心的批评声音能变得多么危险，尤其是在我经历高度压力时，而积极练习自我关怀又是多么的重要。

在整理思维的三个"C"中，第二个"C"涉及利用自我关怀而非批评来回应你的思维。作为人类，我们都非常熟悉自我批评。我们告诉自己："其他人在管理生活方面比我做得更好。我在这方面不够灵活。我完全是自我欺骗。我软弱，不知所措。其他人都无须苦苦挣扎。我真的是没法做到这一点。"似乎世界上的其他人都过着十分幸福、毫无压力、没有问题的生活。正如我在乞力马扎罗山的经历和李女士的故事所显示的那样，自我批评是担心"最好的朋友"。当工作不顺、神经紧张或者我们发现自己能力不足时，批评声音就会冒出来，随时会摧毁我们的信心和个人脉搏。

当你坚信"心理韧性"的错误观念时，你很容易认为自我批评是一件好事。考虑到我们在一生中经常会接触到"你必须更加努力、迅速地工作"等信息，我们很容易错误地认为，自我批评能够推动我们表现得更好，取得更多成就。自我坚强看起来能够激励你提高自己的标准，拔高自己的技能，却与事实相去甚远。研究表明，自我批评预示着压力增加、消极完美主义，甚至是抑郁。实际上，研究显示，自我批评并不是一种激励因素，相反由于害怕失败，可能实际上降低个人积极性。最终，自我批评会通过破坏你的自尊心、目标与积极性而损害你的个人脉搏。

正如得克萨斯大学奥斯汀分校（University of Texas at Austin）人类发展学副教授克里斯汀·内夫（Kristin Neff）博士所定义的那样，自我关怀是指像对待好朋友那样对待自己。当我们以关心和慈爱对待其他人时，这些人一般会表现出最好的一面；而当我们以尊重和关怀对待自己时，同样的情况也会发生。研究发现，自我关怀会带来更强的恢复力，更高的积极性，更好的心理健康，更多的积极情绪，更低的不知所措感，以及在VUCA的工作世界中对稳定个人脉搏有益的所有事情。令人遗憾的是，我们中的许多人都采用双重标准——我们更倾向于成为他人，而不是成为自己的更好朋友。

当我将自我关怀的概念作为一种在工作中更具弹性和更成功的方式提出时，对方经常会露出担忧的神色，可能会翻白眼，而总会提出一连串问题。我明白了。像朋友一样对待自己，听起来好像不那么响亮（即使我们知道它的益处得到了可靠的科学支持）。我遇到的最常见的问题是："像朋友一样对待自己，如何能够真正地成为我在工作场所中的竞争优势呢？"人们很容易将自我关怀误认为是自怨自怜，其实二者根本不是一回事。练习自我关怀并不是放任你对自己的缺点不再感到垂头丧气或者极力否认。研究表明，自我关怀使你更有可能通过提高意志力（包括坚持目标的能力）来实现自己的目标并维持成功。

那些能够随着时间推移维持稳定个人脉搏并维持成功的人士，并非从未有过自我怀疑。但这些人能够利用自我关怀，并认识到自己也是普通人。克里斯汀·内夫指出："生而为人，并不意味着你必须以某种特定方式存在，你可以以生命创造你的方式存在——带着你独特的优点与缺点、天赋与挑战、怪癖与嗜好。"自我关怀让我们想起人性这种每个人都有的东西，使我们认识到，在努力的过程中，我们要善待自己而不是批评自己。

实话实说，当我坐在书桌旁撰写本章节时，批评声音开始冒出来。我注意到自己脑海里充满了这样的想法："如果你分享自己攀登乞力马扎罗山的故事，以后或许没有人认为你的建议是可靠的。除非你完全精通维持稳定个人脉搏的方法，否则你不能给出任何建议。当你的批评声音使自己在那座山上遭受这么多伤害，你怎么有资格来谈论自我关怀呢？"

但是，你猜怎么着？我制止了自我批评，而以好奇心和关怀做出回应。我能够提醒自己，每个人都会有挣扎，而这正是人类存在的意义所在。没有人是完美的，也没有人过着完美无缺的生活。我没有按照自己希望的方式应对情况，并不意味着我需要感到羞耻，并躲避分享一个重要故事，展示给大家，任何人（甚至是心理学家或者卓越的外科医生，例如陈葆琳博士）都可能屈从于压力、批判性思维与螺旋式下降思维。就这样，我能够克制自己，摆脱"心理韧性"的错误观念，继续我的写作。

如何练习自我关怀

答案很简单：像对待朋友一样来对待自己。询问自己："对处于这种情况、有这些想法的朋友，我会说些什么？"一旦通过好奇心来表达自己的思维，你就可以用关怀来回应你的具体思维。一种方法是，想象你的一位最亲密的朋友、家庭成员或者同事面临着和你一样的情况。如果他们向你寻求帮助，你会对他们说什么？

通过这种简单的自我关怀练习，你就会抑制自我批评的想法，避免屈从于双重标准的生活。在当今的社交媒体世界，我们不断地将自己与他人进行比较。研究发现，与认为不如自己的人比较，可能会导致所谓的自我增强效应，即倾向于将自己描述得比规范标准所预料的更好或者更积极。问题在于我们都是人，因此不可能始终处于中上水平。这意味着，当我们失败时（早晚会如此），我们无法通过努力达到中上水平来提升自尊心，而这正是我们最需要自尊心的时候。研究显示，自我关怀和自尊心有着同样的好处（较少）沮丧，更高幸福感，却没有自尊心的缺点。通过自我关怀，我们可以抛弃比较，不再将自己束缚在不合逻辑的标准上。

校准：从内疚到平静

对抗压力的最强大武器，是我们选择想法的能力。

——威廉·詹姆斯（William James）

整理思维的三个"C"的最后一个，我愿称为校准（calibrate）。查阅校准的正式定义，你会发现：

cal-i-brate | \ ˈka-lə-ˌbrāt \

calibrated（calibrate的过去式、过去分词）；calibrating（calibrate的现在进行时）

及物动词

1.确定（某物）的口径。

2.测定、校正或者标记（某事物，例如温度计管）刻度。

3.通过确定与标准的偏差，实现（某物，例如测量仪器）标准化，以便确定正常的校正系数。

4.针对特定功能进行精确调整。

此定义中的关键词是确定、测定与调整。这一步整合你在整理思维的三个"C"的前两个，即好奇心与关怀中收集的信息。利用这些信息，你确定如何带着对自己处境的思考继续前进，以及你想采取哪些与新挑战的思维有关的行动。通过此步骤，你可以对所有相关信息，以及可能出现的思维错误进行归类，并以好奇心与自我关怀的力量为基础，做出更准确的反应。

校准练习可以促使你发生巨大的转变，使你从被混乱的思维所束缚，到趋于平静并有目的地行动。让我们再看一个案例，此案例来自我的一位叫阿贾伊（Ajay）的受训学员。阿贾伊最大的优势之一是创新与创造力。在之前的公司里，他因为始终能够提供新颖的观点而被熟知并获得欣赏。然而，当阿贾伊在另一家公司工作时，他发现新老板不断地否定他所有的观点。这开始将阿贾伊带入思维螺旋式下降过程，消耗他所有的精力与心理空间。因此，我教他了解整理思维的三个"C"，包括校准。

"阿贾伊，忙什么呢？你今天似乎很忙，而且压力有点大。"

"我这一周处境艰难，吉门内斯博士。我的新老板让我很有挫败感，他否定了我所有的新观点。我希望自己没有提出过这么多观点。我确信自己让老板不知所措。我感觉自己像个白痴一样，太积极了。我想我需要后退，不再和他分享我的观点。"

"那么，你想放弃和他分享你的观点吗？"

"嗯，并没有。提出新观点始终是我的强项。但是我别无选择。很明显，他对我不断地与他分享观点而感到恼火。"

"嗯，你有证据能确定这一点吗？你有没有听到他说，他对你的观点感到恼火？"

"没有。但是，我从来没有连续这么多次收到这样的反馈：'观点不错，但是我们现在还无法实现。'我只是觉得他很恼火。但是也对，我猜自己无法真正读懂他的心思。他实际上从来没有说过，他对我的观点感到恼火或者不知所措，因此我也不确定。"

"阿贾伊，你了解自己是在臆想，这很好。多亏你细心确保你在思考过程中，尤其在你倍感压力时，没有匆匆得出结论。现在，让我们利用关怀进一步分解这个想法。你会对处于这种情况下，而且有这些想法的朋友说些什么呢？"

"我会说，你可以向他提出一些观点。正是这给了你目标，让你对工作感到兴奋。你的热忱体现了你对团队和公司做出贡献的热情。"

"对比你对自己说的话，这是完全不同的反应，对吧？现在，你会怎么利用关怀来看待老板对你的态度呢？"

"好吧，当我从关怀而不是沮丧的角度来看待时，我想到的是他现在承受着巨大压力。我知道他有些捉襟见肘，因为他想着为我们团队再雇两个人。可能他正忙着这个事情？"

"太好了。那么现在，问你最后一个问题。考虑到你不断地认为老板对你的观点感到恼火，你感觉自己需要后退，不再和他分享你的观点。你想如何继续下去呢？"

"好吧，我想我最好不要假设他感到恼火，也不要停止向他提出新观点。这是因为，第一，当他雇用我时，他告诉我，选择我是因为我的创造性思维以及新颖的观点。第二，提供创新的解决方案给了我工作目标以及动力。相反，我会制订一个计划，与他讨论下我的担心。这是把情况搞明白的唯一方法。"

"你感觉这对你来说现实可行吗？"

"是的，的确如此。因为意识到他否认我观点可能是因为多种原因，我实际上对他不那么恼火了。因为不知道他是否恼火，我对于如何给他提出观点也不那么尴尬了。我猜自己一直想表达的是，我现在可以采用一种比我们开始谈话之前更平静、更有目的性的方式来处理与老板的下次谈话。"

如何练习校准

练习校准的最佳方式是询问自己下列问题中的一个：

- 根据我在第一步（好奇心）和第二步（关怀）收集的信息，我想如何有意识地回应这种情况？
- 鉴于我对这方面的认识，我想如何回应？

校准使你根据对世界全新、更清晰、更完整的认识，从觉察到采取行动发生转变。校准为你提供了有意识行动的空间。你决定放弃这个想法吗？你是否选择采取基于关怀的行动？你确定需要更多信息才能得出结论吗？你判定自己的思维实际上是正确的吗？把你的思维想象成一台电视。尽管你的思维有许多频道，你却全天被调到了"内疚频道"。通过校准，你会找到"遥控器"，更换自己的频道。

将整理思维的三个"C"结合起来

消除混乱思维的力量在于，你可以在自己的思维进入担心、批评及内疚的螺旋式下降通道前捕捉到自己的思维。但也许更令人信服的是，通过进行整理思维的三个"C"的练习，你不仅可以阻止螺旋式下降，而且可以实际上将思维链逆转为螺旋式上升，如图2-3所示。

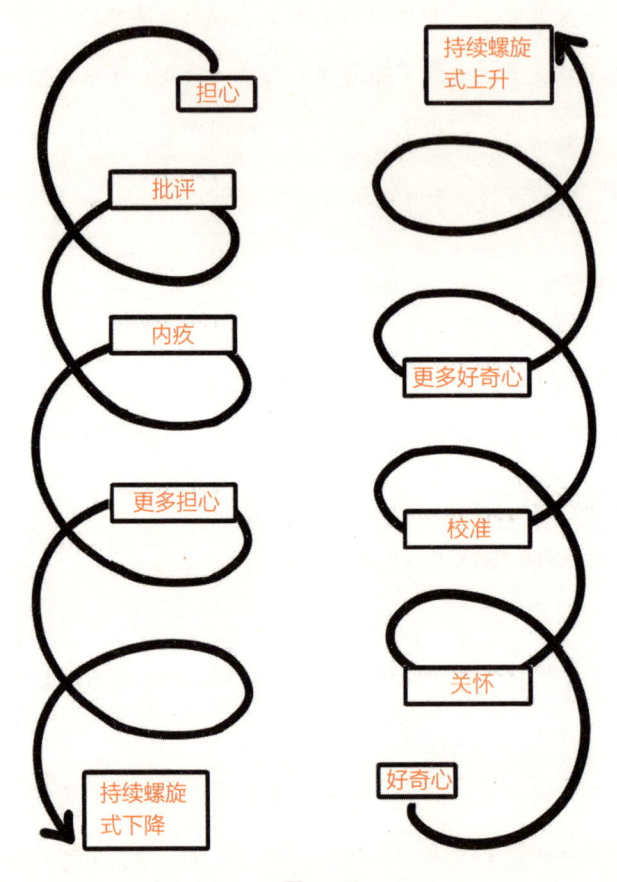

图2-3

如果我们回顾前文概述的李女士的辅导案例，可以在表2-2右栏中看到清晰思维的三个"C"是如何帮助她停顿，尽可能准确地评估情况，带着目的与重点前进。从左侧螺旋下降过程可以看到，如果没有花费时间来调整自己的思维，她无法调整并纠正自己的方向。如果不加以控制，她的思维可能会使她深陷混乱思维的旋涡，导致个人脉搏和团队脉搏微弱。

表2-2

微弱脉搏思维（螺旋下降）	稳定脉搏思维（螺旋上升）
担心： "我第一次无法赶上截止日期。这真糟糕。我没有成为自己认可的经理。"	好奇心： "我想知道为什么自己突然就没有赶上最后期限。可能是因为我有了三位新的团队成员。我打赌他们一定也担心错过截止时间。在此之前，我作为一名经理，一向表现良好。"
批评： "现在，大家都会认为我没有为晋升做好准备。他们很可能是对的。如果我能够管理大型团队，我就不会处于这个位置了。"	关怀： "我是人，不可能一直完美地完成每件事情。这只是短暂的挫折。我十分关注自己的团队，这一事实证明我作为经理是多么的细心负责。"
内疚： "我必须向他们证明我不是一位不善管理的经理。我不能丢了工作。对于这次晋升，我已经付出太多努力。我必须要更加努力。我需要给自己的团队加把劲，让他们也更加努力地工作。我必须在周五之前扭转这个局面。时间到了！"	校准： "考虑到这些想法，我要制订计划来讨论自己跟不上老板步伐的可能原因，然后向她提供如何处理这个短暂挫折的方案。我还需要给团队打气，因为他们可能也感到担心。"

阿贾伊也是如此（表2-3）。

表2-3

微弱脉搏思维（螺旋下降）	稳定脉搏思维（螺旋上升）
担心： "哦，不，这不好。老板不重视我的观点。我希望自己没有提出过这么多观点。我确信自己让老板不知所措。"	好奇心： "我想知道为什么老板这么快就否定我的观点。他说雇用我的原因是我能够提供新颖的观点。我想知道这里是否遗漏了什么。"

续表

微弱脉搏思维（螺旋下降）	稳定脉搏思维（螺旋上升）
批评： "我为什么会决定一直向老板提供新的观点？我怎么了？我毁了自己留下美好第一印象的机会。我应该等一等，再向他提出我的观点。" "他是个混蛋，告诉我说因为我的观点而雇用我，可是我一开始提出观点，他就全盘给否定了。为他工作简直是进了地狱。"	关怀： "我可以向他提出一些观点。正是这给了我目标，让我对工作感到兴奋。我的热忱体现了我对团队和公司做出贡献的热情。" "他可能现在压力很大。我知道老板仍然忙着为我们团队再雇两个人。可能他正忙着这个事情呢。我真的不了解，因为我可能无法读懂他的心思。"
内疚： "我讨厌没有人重视我的优势。现在我不能跟他谈论这件事，因为我已经跟他接触太多次了，很可能让自己搞得像个白痴。我最好保持低调，暂时不要提出观点，看看这是否有用。"	校准： "考虑到这些想法，我要制订计划，和老板讨论下我的担忧。我不知道自己是否让他不知所措，他是否疲于应对雇员招聘，或者是否有其他原因来否定我的观点。我最好和他确认一下，搞清楚情况。"

利用好奇心代替担心，以关怀而非批评做回应，进行校准而不是让思维被处境所困，由此，李女士与阿贾伊能够控制住自己的思维，并以优化自我和结果的方式做出回应。而且，正如你在阿贾伊的螺旋式上升过程中所看到的，他不仅能关怀自己，也能关怀老板。和运动员在跑步中监控自己的生理脉搏，以决定自己是否需要调整节奏或者速度来达到目标一样，你的思维也需要这样。通过花时间利用整理思维的三个"C"来有规律地调整自己的思维，你能够确定自己是否准确地理解这个世界，或者你的思维是否需要更多的好奇心与关怀来推动你继续前进。图2-4总结了整个过程。

第一步：选择好奇心而非担心。

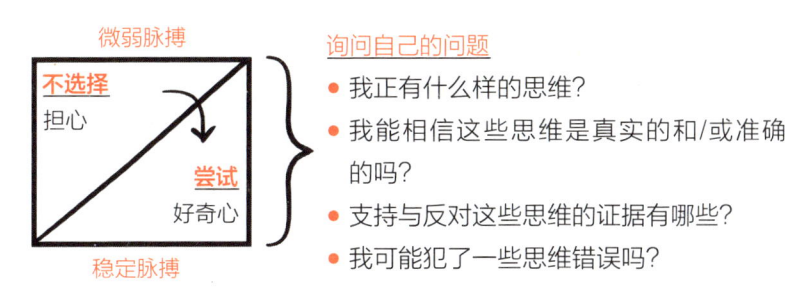

微弱脉搏
不选择
担心
尝试
好奇心
稳定脉搏

询问自己的问题
- 我正有什么样的思维？
- 我能相信这些思维是真实的和/或准确的吗？
- 支持与反对这些思维的证据有哪些？
- 我可能犯了一些思维错误吗？

第二步：选择关怀而非批评。

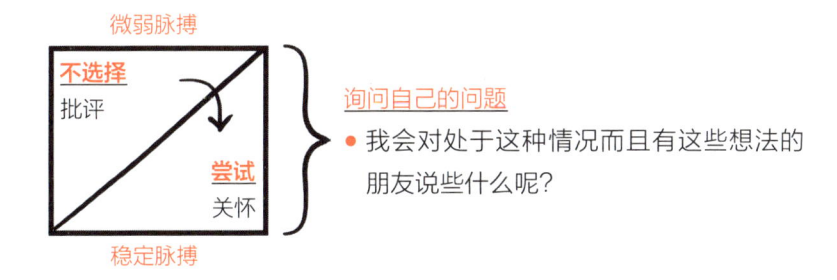

微弱脉搏
不选择
批评
尝试
关怀
稳定脉搏

询问自己的问题
- 我会对处于这种情况而且有这些想法的朋友说些什么呢？

第三步：选择校准而非内疚。

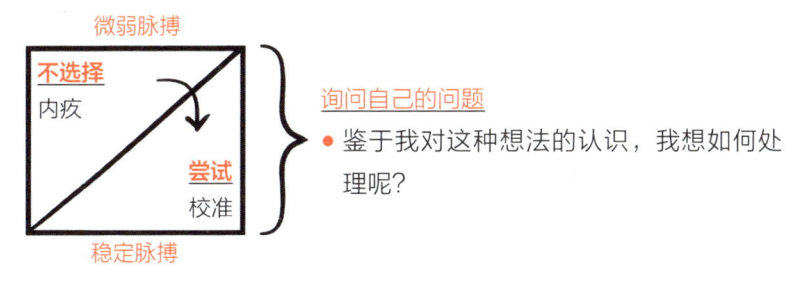

微弱脉搏
不选择
内疚
尝试
校准
稳定脉搏

询问自己的问题
- 鉴于我对这种想法的认识，我想如何处理呢？

图2-4 整理思维的三个"C"

💬 留意自己头脑所思

> 头脑是一面灵活的镜子，调整它，才能看到更美好的世界。
>
> ——阿米特·雷（Amit Ray）

整理思维最重要的方面是，从不受控制的凌乱思维转向觉察。正如本章所示，更加觉察自己思维的关注点，积极维护自己的思路，对于抑制压力和挫败感大有益处。尽管本章强调通过整理思维的三个"C"来检查与响应你思维的力量，实际上有很多方法可以让你很轻松地更加注意自己头脑所思。下面简要介绍三种正念练习，它们均被证明其有效性。

正念觉察练习

通过高度专注当前经历，你的思维能避免出现错乱而远离当下。这可以通过一种被称为"观察和描述"的方法来进行。你只需要开始注意你的环境，以及周围正在发生的事情。也许，你想出去散散步。那么，观察周围的所有刺激源——光线如何透过树叶，风如何轻抚你的脸颊，以及脚在落地时是什么感觉，等等。接下来，你可以开始使用描述性语言来客观地描述自己的经历，不加任何判断，几乎就像你在写电影剧本。例如，你可能会对自己说："树叶有绿色的和黄色的，空气很清新，我能听到鸟儿啁啾。"设法尽可能多地描述细节。当你想关闭"头脑自动反应"并将自己的注意力转移到当下时，你可以在一天的任何时候来了解更多细节。例如，你可以描述洗盘子时双手在肥皂水中的感觉，吃饭时食物在你口中的各种口感与味道，你的身体在办公椅上的感觉，以及你的孩子玩某种玩具的方式，等等。仅仅花一点时间留意你当前的环境和/或经验，而不是你头脑（通常是遥远的地方）中的东西，就非常有助于将你的思维拉回到当前时刻。

正念冥想练习

开放监控（Open monitoring，也被称为"正念冥想"）是正念冥想的一种形式，研究证明它有助于减少浮现在你头脑中的侵入性想法。正念冥想练习可以让你不加判断而只是观察自己的思维，认识它们，然后（在理论上）呈现或者传递这些思维。你的注意力没有集中在某些东西上，而是处于开放状态，能够觉察到出现于脑中的想法。你没有对这种想法做出反应（像你在整理思维的三个"C"一样），只是观察它，然后看着它平静下来。耶鲁大学的一项研究显示，纷乱的思想潜藏在一些脑部区域中，而正念冥想能够实际上使这些区域停止活动。哈佛大学的一项研究显示，冥想实际上能够改变大脑某些区域的结构，例如，减少你的杏仁核体积，而杏仁核是大脑的情感处理中心。也许更令人信服的是，研究还发现正念冥想能提高那些改进主观幸福感的其他大脑区域的体积。

呼吸

心灵和身体紧密相连。拥有保持最佳状态的身体与宁静的大脑并不常见，超负荷运转的大脑也不会和超放松的身体同时存在。有时候，当我们的大脑在全速运转时，实际上很难让大脑缓和下来，产生足够的好奇心。当你的大脑受到巨大压力，甚至于留意自己的思维也无济于事时，首先留意你的身体通常是很有意义的。如果你能够放松身体，反过来你也能够放慢你的大脑，使其能够进行整理思维的三个"C"。缓慢深呼吸具有令人难以置信的力量，因为它有效地进入神经系统，使整个人变得平静下来。为了最大限度地放松并提高效率，试试谐振式呼吸，即将你的呼吸降至每分钟五到六次深呼吸，吸气的长度和呼气的长度相等。研究发现，这种特殊的呼吸方法能提高认知表现，减轻压力。谐振式呼吸不仅能让身体平静，还能让大脑平静。最重要的是，无论你是在参加紧张的会议、上班路上或者坐在办公桌旁，你可以在任何时候使用这种镇定手段。

正念练习并非"一成不变"的类型。如果传统的静坐冥想对你不起作用，你就无须练习它。如果你往往精力充沛，正念觉察步行练习会具有令人难以置信的力量。如果你往往很难集中注意力在思维上，呼吸可能是让你的大脑平静下来的一种方法。你可以从我列出的选项中仔细选择。我鼓励你使用这些方法，来找到最适合你的方法，作为日常用于检查头脑所思的练习。

整理思维提示

通过有意识地练习来持续不断地保持头脑清晰，你就已经在增强觉察了，而你可以在这种觉察下获得清晰思路。以下是日常练习头脑检查的一些提示：

● **积累习惯。** 养成新习惯的最好方法之一是借助已经建立起来的习惯，找出自己新的期望行为，而不是突然开始新的习惯。例如，当你刷牙时（一个已经建立的习惯），你可以利用好奇心来确认自己的思维。

● **设置提醒。** 在你的电话上设置提醒，一日三次。当提醒出现时，关掉提醒，停下来，留意自己的思维。

● **利用呼吸。** 如果你发现自己的头脑超速运转，在开始使用整理思维的三个"C"之前，你要停下来，并做几次深呼吸。

● **添加到日程表中。** 在一天中固定时间（上午工作之前、午餐时间、工作结束回家之前）检查自己的思维。

● **写出来。** 我建议你根据表2-4规定的步骤，在第一周或者头两周，每周至少一次或者两次，简略记下整理思维的三个"C"中的一两个句子。我就是这样教学员真正将这个新习惯融入日常工作中的。我保证这花费的时间没有你想象的那么多，而且正如研究所示，练习会发挥极大的作用。

表2-4

情况	简要地描述情况及有关想法。
好奇心	我能相信这些思维是真实的和/或准确的吗？ 为什么能或为什么不能？ 支持与反对这些思维的证据有哪些？ 我可能犯了一些思维错误吗？
关怀	我会对处于这种情况下而且有这些想法的朋友说些什么呢？
校准	鉴于我对这种想法的认识，我想如何处理呢？

● **熟悉常见思维错误。** 你可以在本章"好奇心"部分找到这些错误的列表。你越能够记住每种错误代表的内容，就越能快速找出可能不正确的思维。我的许多学员说，他们一旦努力地记住这些思维错误，就开始注意到这些思维错误会更有规律地出现——无论是对于他们自己而言，还是在他们听同事或者下属讨论急迫情况时。

● **不要低估自我关怀的力量！** 如果你像我一样相信适当的自我批评对激励有益，自我关怀从一开始就可能会显得让人非常尴尬而且不自在。坚持下去。大量的研究证实了自我关怀的力量，它已经改变了我和学员的生活。

● **一致性是关键。** 仔细查看清晰思维的三个"C"可能只需要不到一分钟的时间。但是，这确实需要持久地做下去。它不是应急解决办法。正如我在本书中说过而且还会继续说的，我有意避开应急解决办法，因为我的目标是为你

你的职业脉搏稳定吗？

提供一些更深层次的东西，以及一套固定的练习，这有助于你在未来几年保持持久的活力。正如本章所讨论的那样，这种工作具有改变你大脑中神经通路的潜能！这没有应急解决办法——你必须像锻炼肌肉一样锻炼大脑；许多小小的努力会随着时间推移逐渐积累。

第三章
充分利用闲暇时间

● 即使亿万富翁也需要适当休息

微软创始人之一、亿万富翁慈善家比尔·盖茨，每年都会两次在手提包里装满各种主题的书籍，放下日常工作，前往美国西北太平洋地区的胡德海峡（Hood Canal）去读书、思考。在长达七天的时间里，他切断与外界的所有通信。在海滨度假屋里，他发现自己是完全孤独的，除了送餐的人之外没有任何来访者。在20世纪90年代，盖茨还在管理微软公司的时候，他就开始利用他所称的"沉思周"，而且从那以后一直继续这种练习。在这一周里，盖茨尽情享受宁静，完全被大自然、树木与海景所包围。

有时，他会走出度假屋在海滩上漫步、思考。盖茨会对读书内容做笔记并进行反思，形成各种新的观点与联系。在美国奈飞公司（Netflix）的纪录片《走进比尔》（Inside Bill's Brain）中，比尔的合作伙伴、前妻梅琳达（Melinda）解释了这种做法的好处："比尔可以处理大量复杂的事情，而且他喜欢复杂的事情，乐在其中。""因此，当比尔平静下来时，他认为自己达到了最佳状态，他有着令人难以置信的复杂想法，以及看待世界、将各种别人没有觉察到的观点融合起来的方式。"她接着解释说："他让自己平静下来，有时间沉淀并慢下来。然后，他会写作并以他想要的生活方式来生活。"

盖茨在这个纪录片中将沉思周称为"CPU时间"，他说："这是你思考问题的时间。"CPU代表中央处理器，毫无疑问是任何计算设备中最重要的组件。CPU处理计算机程序的基本指令，使它能够按正常方式运行。CPU是你的个人计算机、智能手机或平板电脑的核心。从本质上讲，这种练习使盖茨能够看到事情发展的模式，获得深刻认识，并得出自己在办公室无法想到的结论。

和比尔·盖茨一样，商业巨头奥普拉·温弗瑞（Oprah Winfrey）也承担着巨大的责任与无尽的工作量。也与盖茨相似，即使她总是"遵循"日程表，奥普拉还是会以自己独特的方式——花时间与大自然相处来短暂休息与停顿。奥普拉的照片墙（Instagram）的订阅源中有许多照片与视频显示，她出现在自己花园的蔬菜与花卉中，洋溢着喜悦之情。她的帖子展示丰收的蔬菜、花卉与水果。这很清楚地表明奥普拉热爱园艺，并从户外活动中受益良多。即使是她选择居住的地方，也充分证明她在生活中享受时间与空间创造的大自然——她的房屋被树木和大自然所包围。

在众多采访中，奥普拉分享了优先安排户外时间的故事，包括在花园吃饭、收获庄稼、遛狗、坐在一块特定的石头上冥想。在《奥普拉》杂志（*O Magazine*）的一篇文章中，奥普拉谈到了她利用大自然来让自己集中精力并平静下来："花在大自然上的时间会帮助我吸取教训。对于我来说，没有比这更能让人平静下来的东西了。在充满不确定性的时刻，专注于安静的大树或者脉络复杂的树叶，会使我将注意力集中到现在发生的事情的完整性上，并帮助我敞开心扉接受可能发生的事情。"

虽然我们中的许多人可能不会像比尔·盖茨那样有财务自由与特权，能够从生活中逃离来进行"沉思周"静修，或者像奥普拉那样有一个功能齐备的花园，但是他们的行为却有力地证明了，即使世界上最忙的人也能够花费自己最宝贵的时间来找到短暂休息的方法，以便能够"恢复"。而且，了解这些拥有稳定脉搏的人如何在永不离线且超级活跃的工作世界维持稳定的个人脉搏，能让我们学到很多东西。

如果你仔细观察这两位非凡的人是如何处理这些短暂休息的，你会发现两人都有特定的一组练习。第一，他们为了避免过度疲劳而在战略上创造条件，使自己能够完全专心于自己选择的活动。第二，他们特别注意在大自然周围生活。第三，他们允许自己放松下来。

专注于充分利用闲暇时间的稳定脉搏练习，对于一些世界上最忙碌的领导者有着巨大的益处。这些例子也说明，这种练习如何违背直觉地让任何想要保护自己精神与体能储备的人受益。

● "马不停蹄"的迷思

人莫鉴于流水，而鉴于止水。唯止能止众止。

——《庄子·内篇·德充符第五》

从诸如"至死方休"及"游手好闲惹是生非"这类谚语到咖啡杯上贴的"现磨是王道"，我们将永不停止视为"好"，而将闲暇时间或者空闲视为"坏"。从小时候起，我们中的许多人已经被社会化，认为成功的关键在于更加努力工作、更加忙碌。持续的前进与忙碌已经成为一种公认的存在方式，不能持续专注于完成某件事，在某种程度上似乎就是错误或者懒惰。很多人还相信，为了保持竞争优势，我们不仅要不断前进，还要更快速前进，提高速度与效率。我们认为，在短期内牺牲闲暇与放松的时间，对于长期的成功与目标实现来说是必要的。如果花费太多时间在放松上或者"无所事事"，我们就会感到内疚。我们把忙碌错认为是工作效率。我们对产出数量的重视程度要超过产出质量。我们不再通过质量来判断其他人，而是关注他们的响应速度。"忙碌与压力从根本上与成功相连"这一观点还导致我们以忙碌为荣。

由于科技的进步，我们的生活节奏以惊人的速度加快。许多人发现自己永远是从一个截止日期到下一项责任，除假期外从不停歇。即使这样，我们的假期还是压力重重，包括到处挤时间来处理工作邮件。实际上，2020年一项针对美国职场人士的研究发现，48%的专业人员认为，他们承担了假期不应有的压力，而23%的人表示在度假时无法完全脱离工作！非度假时期，我们会在排队喝咖啡、等餐以及步行前往目的地时查看智能手机，来最大限度地提高自己的工作效率。我们的个人与工作需求始终存在，包括查看收件箱、聊天信息、应用程序，或者一直玩智能手机——我们的指尖一直在忙碌。为了不错过最新的邮件、文本、社交媒体状态或者新闻，人们很容易感受到压力。技术的发展使我们可以一直忙碌，我们很难不被卷入"马不停蹄"的错误观念。然而令人遗憾的是，为了响应快速变化的世界而让自己承担过多责任很显然是无法持续的。

当我们生活中因不可避免的忙碌导致巨大紧张与压力时，我们最终会责备自己，并尝试着更加努力。我们坚信自己只需要坚持下去，咬紧牙关挺过去，不断超越极限。但这样损害的不仅仅是我们的个人脉搏，还有我们的生理脉搏。现实是，我们是人而非机器。即使最高效的企业家之一比尔·盖茨，以及世界上很有影响力的人物奥普拉，也难逃信息与激励负担过重的影响。他们都需要停歇、思考，保持自然状态，进而达到最佳状态。

强迫自己一直忙碌，维持各种联系，实现高效，紧跟我们超高速联结的世界，这对于你获得幸福感其实是不现实也不可靠的。如果不加以控制，不断的努力与忙碌可能会对你的身心造成严重影响。具有讽刺意味的是，许多研究证明，不断努力地去完成事情以便进行下一件事情，这实际上会妨碍你获得应有的成功。试图通过只工作不娱乐来追逐成功，可能会带来更多层面上的危害。首先，毫不奇怪，这种做法与较低水平的身心健康相连，包括职业倦怠与较低水平的生活满意度。这种做法还与较低的工作满意度及下降的产出有关，甚至

你的职业脉搏稳定吗？

会减少你注意力的持续时间。当你陷入"马不停蹄"的错误观念时，你可能最终就像通常比喻的"浮鸭"一样，水面上看起来很平静、镇定，一切尽在掌握，但是在水面下却拼命地划着水来维持漂浮状态。

● 充分利用闲暇时间

> 静静坐着，什么都不做。春天来临，草自会生长。
>
> ——凯思·雪伍《生命之树》

谈到闲暇，我们可以从传统世界文化及古老的智慧中学习到很多东西。在意大利，有这样一句话"Dolce far niente"，可简要翻译为"无所事事的甜蜜"。在《创世纪》中，上帝花费了六天时间完成造物的工作，而在第七天休息。荷兰人有一个词"niksen（放空）"，即一种无所事事的生活方式理念。瑞典人有一种适度对待一切的心态，被称为"lagom（知足）"。在犹太文化中，安息日是专门休息与祷告的时间，许多人还克制自己在此期间不使用电子设备。西班牙文化的核心之一就是"sobremesa（饭后桌边闲聊）"，意指在用餐后，人们坐在一起，聊天，品尝各种饮料或者咖啡。但是，随着时间推移，我们加强了生活、身份与工作产出之间的联系。

闲暇曾经被认为是日常生活中称心且必要的组成部分，而现在已经成为一种"事后期许"。我们对自己说："如果完成任务，我可以挤出一点休息时间。"

你上一次真正闲暇是什么时候呢？随着我们体会着高效的压力，不断变化的工作习惯，以及不断增加的工作负荷，我们也体会到快速变化的休闲环境。

真正的闲暇是无法补偿的，也不是理论家所说的"附带"闲暇（回家，倒在沙发上，盯着电视，流连于社交媒体，然后入睡）。相反，真正的休闲是心理与身体上的补充，你摆脱了时间束缚，感觉得到了更好的休息，更能集中精力而且得到更好的恢复（例如：亲近大自然，记日志，与爱人共度美好时光，参加社会活动，或者回馈社区）。真正的闲暇与滋养你灵魂的活动有关。换句话说，你的空闲时间实际上会让你感到自由。

也许在本书概述的所有迷思中，"马不停蹄"是我一直最为努力克服的一种。作为移民的女儿，我从小就被灌输这样的理念，即在美国一切皆有可能，如果足够努力，我能够做成任何事情；通过努力工作与坚持，我能够实现自己心中的任何梦想。正如第一章所述，在成为一名心理学家之前，我的梦想是成为一名舞蹈家。但是，出人意料的是，当我在为一个重要舞蹈的主要角色做准备时，我的生活发生了巨大变化，我的下巴两处骨折，而且被缝起来长达好几周（这件事是如何发生的，另做介绍）。正如你可以想象的那样，我完全张不开嘴巴，在跳舞时很难进行深呼吸。但是，我相信"马不停蹄"的错误观念，我也做到了；我在设法完成各种课程的同时，还一直不断跳舞。然而，时间不长，我患上了单核细胞增多症，这种病毒除了其他症状之外，还会造成明显疲劳。尽管医生建议我休息与恢复，但我因为相信必须做出短期牺牲才能获得长期成功，于是决定继续跳舞。我告诉自己必须努力，不能停下来。

当期末考试到来时，我的忙碌到达了最高点。每天每小时，我都要尽可能多地挤时间。我根本没有闲暇时间，日程表排得很满，精确到每一分钟。为弥补自己的精力不足，我全天喝大量的咖啡及能量饮料，然后为了晚上入睡而服用液体褪黑激素。我一刻也没有停下来，哪怕是进行最短的停歇来询问自己对一切的真实感受。忙碌不休的状态，使我不断否认自己对思想、身体与精神所做的一切。

你的职业脉搏稳定吗？

很快，我感觉到自己高效的注意力开始分散。尽管努力逃离精疲力竭的深深暗流，我发现自己开始无法入睡。漫漫长夜，我躺在床上，头脑清醒，盯着墙上的影子，开始问自己——这是不是太严重了？在这狭小的空间里，意识开始渐渐不受控制。作为直系亲属中第一位高中毕业后直接进入四年制大学学习的女性，我不确定自己是否承受了太多压力，或者是否这正是作为现代人的一部分（尤其是想到自己耳闻目睹的所有"更努力"事例）。因此，我决定征求一位教授的意见，并安排了与他的见面时间。

当我和这位教授分享自己的处境，并急切地请求他的忠告时，我的声音由于缠紧下巴并覆盖牙齿的纱布而模糊不清，因为焦虑而颤抖。直到二十多年后的今天，他的那些话依然在我的脑海中回荡。他用乌黑、深邃的眼睛仔细观察着我，并说道："我的家人正经历着一件非常严重的事情。但我还是出现在这里。我仍然在努力工作。杰西塔，你作为一位女性，而且是未成年人，你必须明白，社会是不会让你停歇的。你需要比别人更努力地工作才能取得成功。你必须跨越更多的障碍，而且必须学会努力完成事情并展现自我。"回顾起来，我相信这些话源自这位教授内心深处对我的同情与关心，他设法使我认识到未被充分代表的人们可能面临的不公正。不幸的是，我听到的只有"不要停下来，继续前进，更加努力"。我理解错了"努力"的含义，认为我的忙碌反映出自己的激情，以及无论面对什么样的障碍，我都渴望成为一名职业舞蹈家。因此，我不断推着自己前行。

我集中所有精力坚持到这一季度末，从未真正地活在当下生活中，也没有与那些对我最重要的人保持联系。我确实在舞蹈表演季中表现出色，而且学业也获得了高分。我甚至参加了著名的阿尔文·艾利美国舞蹈剧院（Alvin Ailey American Dance Theater）竞争激烈的夏季培训项目的试演，并被录取。从表面上看，我的职业生涯相当成功，实际上却绝非如此。当我结束在纽约的生活与舞蹈学习回到家时，我的个人脉搏随着我的舞蹈生涯一起都处于低潮。我对舞蹈的动力与热情几乎消耗殆尽，我已经筋疲力尽。

此后不久，我退出了自己的舞蹈项目，这至今仍让我心痛不已。我喜欢跳舞，从来没有想过自己除了跳舞还会做别的事情，然而我却发现自己将这个梦想抛之脑后。在这个转变过程中，我停止了每天的忙碌，最终停下来歇息。亲眼看到自己因为不再不停忙碌而焦虑感增强，我的第一周过得极度不安。我感到焦虑，因为我什么都没有做，没有完成任何事情，也没有任何效率可言。我花费数月的时间来调整、反思停歇期间的不安，直至最终能够享受与感激这段停歇时间。

随着时间的推移，我能够独自坐下来思索问题：我是如何从如此强烈地爱做某件事情，而最终几乎没有了任何动力与欲望？这段停歇时间使我能够聆听自己的内心，最终引导着我带着目的性重新开始自己的整个职业生涯。这次我选择学习心理学，尤其是最佳表现、动力与行为变化领域。

不论好坏，生活给了我一次非常痛苦但又特别重要的教训，就是在我短暂地追求成为舞蹈家的过程中如何利用闲暇时间。我意识到，如果继续固守"马不停蹄"的心态，我不但会在追求下个目标的过程中疲惫不堪，而且还会错失周围的人和机会，尤其是我与自己的关系。我意识到，为了在始终维持健康个人脉搏的同时保持成功，我必须与"马不停蹄"的迷思做斗争，而且必须克制盲目做事情的冲动。我明白了，真正的恢复力关乎你如何放下而非如何坚持，放下正是为了增强与补充你的个人脉搏。

为什么大自然在冬天变得寂静，熊要冬眠，而我们为了锻炼肌肉需要有恢复期？这都是有原因的。休息与停歇是持续成功的重要组成部分。研究最佳表现的专家将这称为波动。实际上，对精英运动员的研究表明，恢复期使这些运动员能够在需要时迸发出高标准的表现。正如我在第一章所述，适当的压力是

你的职业脉搏稳定吗？

有益的。并非所有的压力都是不利的——压力实际上可以刺激成长。实际上，时不时的少许精神压力还能对你的健康有益。长期不断的压力，没有休息、闲暇或者恢复的时间才是问题。我鼓励你相信这样的老话"磨刀不误砍柴工"。有意识、有策略地将哪怕十分短暂的闲暇时间融入你的日常生活中，可以使你获得更多回报，尤其能提高创造力、记忆力、恢复力与应对能力。

尽管我们中的大多数人知道自己是如何变得忙碌而紧张的，却很少有人知道如何充分利用闲暇时间，来平衡健康的个人脉搏需要的真正的身心充能。充分利用闲暇时间不仅仅是休息；它关乎着更多方面。拥有稳定脉搏的个人，会巧妙地利用闲暇时间来恢复活力，增强创造力，更深入地与自己交流，更好地与他人沟通，并享受当下。

对于持续成功而言，充分利用闲暇时间是基本的稳定脉搏练习。尽管现代的工作生活不重视静下心来，但为了获得并维持成功，你必须将闲暇时间融入你的生活方式之中。与之对立的是懒惰、低产，或者任何你脑海中出现的、社会灌输给你的关于闲暇时间的信息。忽视了仔细地将闲暇时间融入你的日常生活中，这可能会对你的身体健康、心理健康产生深远影响，而或许更具讽刺意味的是，这还会对你的工作效率产生深远影响。

● 忙碌的消极面

当你试着长时间违背人性时，职业倦怠就会悄然出现。

——迈克尔·冈戈（Michael Gungor）

我们在追求什么？或者在逃离什么？为什么我们很难停下来，静下心或者什么都不做？在同学员一起确定优先事项、价值与目标时，我往往会给他们布置一项任务：为自己写讣告，也就是在他们实际死亡后自己希望看到的讣告。我鼓励他们思考以下问题：如果今天死亡，我会快乐地死去吗？我对自己的生活方向满意吗？我的生活中又缺少了什么呢？尽管听起来很病态，这种做法却能很好地唤醒你，让你对生活做出调整。在我十五年多的从业时间里，毫不奇怪的是，从来没有学员表示，自己希望因为超高的工作效率或者从未停止过的忙碌而被人们记住。

邦尼·韦尔（Bonnie War）是澳大利亚的一位护士，在数年时间为病人提供临终前最后十二周的照顾。在著作《临终前最后悔的五件事》（The Top Five Regrets of the Dying）中，她记录了病人临终前最常见的后悔事情。其中，高居榜首的是"我希望以前没有那么拼命地工作""我希望有勇气过自己真正想要的生活，而不是别人希望我过的生活""我希望自己以前可以更快乐"。不断地忙碌可能会妨碍我们深入地审视自我，也会妨碍我们问这样的问题：如果我的工作效率没有这么高，或者将待办事项清单上的事情划掉，我将会变成什么样的人，我的价值又是什么？我们逃避鼓起勇气过自己真正想要的生活，而过着别人希望自己过的生活，对此的深深焦虑促使我们无休止地前进，而且付出巨大的代价。

我们欺骗自己，相信如果我们对自己在做的事情付出加倍努力，而不必改用一种更快、更好且更强烈的方式，我们的职业生涯就会有所超越，我们的生活会变得更有意义，我们对自己的信心会更强，我们的人际关系也会有所改善。这种想法会让我们陷入一种共同的幻觉，即持续的高效及不断的忙碌只会带来回报，而不会造成高昂的代价。这也正是"马不停蹄"的迷思的消极面。

受训学员瓦妮莎（Vanessa）坐在我的对面，我注意到她肩膀前倾，双手紧握放在膝盖上。这只是我对她进行的第三次培训。瓦妮莎是硅谷一家备受尊敬的大型科技公司的人力资源业务合作伙伴。我注意到，当我开始问她一些探究性问题如"如果你停下来会发生什么？"时，她咬紧上唇。

她有着一头黑发，向后梳成松散的圆发髻，皮肤苍白，宽边眼镜下面是一双淡褐色的大眼睛。

我记得她的回答是："我不确定是否有受训时间。我很欣赏你们的辅导，而且从中获益良多。只是你要我在两次培训之间进行反思并尝试新事物，这对我来说要求有点过多，因为我已经很忙了。我不确定把时间花费在这上面是否值得。这让我感觉有点放纵。"

我问她："什么会让你觉得值得呢？"

"嗯……我不确定。我想我们能否专注于如何让我提高工作效率。我每天工作到很晚，甚至回家后还要工作。我从来没有参加过朋友聚会。因此，在培训上花费更多时间意味着在工作上要落后，意味着我要花费更多时间来赶上工作进度。"

"我能问一下你为什么工作到很晚吗？你认为是什么阻碍着你和朋友见面？"

"我的工作量很大，几乎无法坚持下去。而且……"她短暂地停了下，深呼一口气。"我想自己有些害怕，害怕如果不保持高效工作，我会被视为没有价值的人。我在整个大学期间都梦想着在这家公司工作。现在我来到了这里，希望自己留下来。"她的脸开始变红，双眼满含泪水。她再次停了下来，使劲咽下泪水，继续说下去。"如果我没有始终处于压力或忙碌状态，我就感觉自己是得过且过，而不像是在工作。我感觉自己不会被认为是和其他人一样有能力或有价值。"

这些非常有力的句子，显示出瓦妮莎对"马不停蹄"观念的认同，认为保住自己地位的方法是拼命工作，而且如果停止忙碌，她的价值就会降低。但是，通过强迫性行为来进行工作与生活绝非明智之举。最终，我们太忙了而无法见朋友，只能将所剩无几的精力和注意力放在工作之外的所有事情上。在你的生活与职业生涯中，带着恐惧、焦虑与疲惫出发前行，不能给你带来出色的工作、观点与影响力。相反，这种方式只是进一步强化了这样一种观点，即获得并维持成功需要的是不断地推动、努力与竞争。

瓦妮莎的情况会引起你的共鸣吗？你是否发现自己一直尝试着提高工作效率？你是否敏锐地意识到自己一直在"浪费"时间？当你做自己喜欢的事情而不是保持高效时，你会感到内疚吗？如果你对这些问题的回答是肯定的，你并不孤单。

当专注于高效弊大于利时，我们就要处理"高效本身"的危机。盖洛普《2019全球情绪报告》显示，全世界压力水平达到了新的水平，而美国在一些指标方面遥遥领先。令人遗憾的是，当你陷入"马不停蹄"的错误观念时，你很容易成为专注于高效的牺牲品。如果不能利用恢复与闲暇时间来巧妙地平衡压力，你的心理与体能储备将会降低，而你的个人脉搏将会变弱。我们必须开始接受这一事实：仅仅通过超高的工作效率是无法获得成功的。

研究表明，工作效率随着时间的延长而急剧下降。一旦员工一周的工作时间超过55小时，创造力就会完全消失。斯坦福大学劳动经济学研究者、教授约翰·彭卡韦尔（John Pencavel）在著作《工作回报递减：长时间工作的后果》（*Diminishing Returns at Work: The Consequences of Long Working Hours*）一书中指出，员工一周工作70小时的产出，和他们一周工作55小时的产出没有区别。这项研究强化了这种观念，即当你每周长时间工作，恢复时间不足时，后续的工作表现就会受到影响。例如，要求员工一周7天都工作的产出，比将相同工作时间分配在6天的产出少约10%。换句话说，7天的工作还不如6天的工作产出。

美国疾病控制与预防中心甚至发出了"长时间工作对健康有害"的警告，这也导致员工流动率及缺勤率升高。简单的现实是，无论你如何努力推动自己，工作导致疲劳，而过度疲劳会限制你投入工作中的精神与体能储备。正如一辆汽车的油箱只能装一定量的燃油一样，我们的身心也一样。当由于缺乏闲暇与补充造成你的"油箱"亏空时，你就开始发生故障。毫不奇怪，你无法再快速思考或行动，这会显著影响你的工作效率，最终你只能做更多工作。

● 学会暂停：充分利用闲暇时间的三个"S"

在谈到充分利用闲暇时间时，我不仅仅只是说休假。我所说的是将闲暇活动融入日常生活中的现实可行的方法，这些方法实际上能够持续恢复你的体能与精神储备。充能的关键因素有睡眠、锻炼与营养，市面上已经有许多关于睡眠、营养与锻炼的优秀书籍，例如阿里安娜·赫芬顿（Ariana Huffington）的《睡眠革命》（*The Sleep Revolution*）。我将主要讨论一些不太明显，但能够使你保持活力与健康的方法。

闲暇因为与懒惰有关而往往得到负面评价，但研究结果却并非如此。闲暇绝非懒惰；实际上正好相反，闲暇是主动的"加油"与"充电"，对于专注于高产出的我们来说，这似乎是反直觉的。充分利用闲暇时间的练习还指利用一系列特定的活动使你在精神上从工作中解脱出来。在研究界，这被称为"心理脱离"，主要是指当你离开工作时，并不只是简单地结束工作，离开工作的物理空间。相反，你要真正地在精神上、生理上与情感上脱离工作。研究发现，在非工作期间脱离工作与工作表现之间存在着正相关关系。换句话说，在非工作期间从精神与情感上脱离工作，不仅能让你对生活更满意，还能让你出现更少的心理压力症状，在工作中更加专注。

听起来，仅仅忘记工作并放松，应该是很简单的。然而，现实并没有那么简单。因为技术正以指数级加快，事情不会慢下来的。相反，事情甚至可能继续加速。因此，我们必须做出选择：要么陷入"马不停蹄"的迷思，受到技术的牵制；要么学习如何通过充分利用闲暇时间的三个"S"：安静（Silence）、庇护（Sanctuary）、独处（Solitude），以策略性与创造性的方式来适应技术。让我们学习如何实现第二个选择。

安静：为技术制定规则

能够在喧闹世界寻求安静的人，才能赢得未来。

——阿里安娜·赫芬顿（Arianna Huffington）

由于技术发展，我们日益面临着大量刺激与信息。在亚马逊上，即使搜索像蜡烛这种简单的东西，你也会面临着10万多种选择。到美国互联网医疗健康信息服务平台（WebMD）上搜索胃痛，你会找到2万多个结果。加入流行的游戏平台堡垒之夜（Fortnite），你将有机会和2.5亿注册玩家进行比赛。

不可否认的是，技术帮助我们实现了难以置信的进步与联系，但同时也改变了全世界的信息交流方式。现在，我们每天都要应付铺天盖地的电子邮件、短信、应用程序通知，以及其他让人分心的东西。2010年在加利福尼亚州太浩湖（Lake Tahoe）举行的技术经济媒体会议上，谷歌前首席执行官埃里克·施密特（Eric Schmidt）分享了一份有关信息超载的惊人统计（你的信息输入量超过了自己的处理能力）："我们每两天创造的信息量，相当于我们自文明出现以来到2003年所创造的信息量。我大部分时间都认为，世界还没有准备好迎接即将到来的技术革命。"

你是否曾突然想知道，这么多的信息与刺激源对你有什么影响？举例来说，它会让你陷入多任务处理的陷阱。你是否曾发现自己在努力阅读工作电子邮件的同时，还要回复多个文字对话？或者在浏览推特信息的同时，还要在奈飞上刷视频？你在阅读本书的过程中，智能手机上弹出了多少次通知？这不仅会让你在应该做的事情上分心，而且对你工作流程的各种干扰甚至会扭曲你看待世界的方式。

美国俄亥俄州立大学（Ohio State University）的一项研究显示，注意力中断会让我们分不清应处理的任务细节与无关的细节。关于媒体多任务行为（例如：在看着视频电话会议中的某个人时，向同事发送信息）后果的研究发现，这种行为会降低你每天完成任务的效率。甚至还有一些证据显示，信息超载可能会降低你的智力。保罗·亨普（Paul Hemp）在他的文章《信息超载造成的死亡》（"Death by Information Dverload"）中介绍道："几年前，惠普公司进行的研究显示，因为电子邮件与电话而分心的知识工作者的智商分数从其正常水平平均下降了10分。"

美国加州大学尔湾（Irvine）分校信息学系教授格洛丽亚·马克（Gloria Mark）研究发现，在一次中断后，你平均要花费25分钟才能返回到原来的任务上。换句话说，用20秒瞄一下信息发送人，并不意味着分心时间只有20秒，实际上还有另外25分钟的分心时间，这也是你完全回到正处理的任务上所需要的时间。不仅如此，马克和她同事的数据还显示，"人们通过加快工作来弥补中断时间，但这是要付出代价的：遭受更多的压力、更强的挫败感、时间压力与痛苦。"或许更令人担心的是，研究发现，即使是坐在同时处理多项任务的人身边这种简单动作，实际上也会造成严重的分心，进而可能影响理解力。

我们的世界不但随处可见分心，以及面临多项任务的可能性，每天涌向我们指尖的信息浪潮也为我们带来了选择过载。你是否曾经有过这样的经历：你上网只想购买某种东西，却发现自己面对着无数图片和评论而束手无策，最终留下一些打开的浏览器标签，什么也没买，然而两个小时已悄然而逝？当我们面临过多的选择时，很容易产生不知所措的感觉。尽管你可能会认为大量的选择能够帮助我们改善生活，但研究发现，选择过载可能最终导致不满与懊悔。这是因为，你在一天中要做的选择越多，你的大脑就越难做出更好的选择。

在心理学上，决策质量逐渐恶化的现象被称为"决策疲劳"。从本质上讲，你做的决定越多，你的大脑就变得越疲惫，而你的意志力也就越弱。例如，经证实，法院法官在一天晚些时候做出判决的质量较差。这表明，作为人类，我们进行自我控制的精神储备是有限的。当我们每次面临一系列潜在决策时，这种控制被削弱的可能性越大，做出不理想决策的可能性就越大。

在充分利用闲暇时间的三个"S"中，第一个"S"为"安静"。尽管没有什么灵丹妙药来帮助简化我们当前遭受的信息超载，但安静是好的出发点。

在我们这个即时沟通、永不离线的数字世界，我们的大脑不断面临着刺激源、信息与精神噪声的潜在影响。据说，"噪声"一词源于拉丁词"nausea"（意为"厌恶或者不适"）。另一种理论将这个"噪声"一词追溯到"noxia"（意为"伤害、损伤、损害"）。拥有稳定脉搏的人，具备策略性地远离持续不断的嘈杂信息的技能，并将其作为保持专注力、维持精神储备的方式。在生活中增加安静的时间，可以帮助你养成一种专注的目标感，进而帮助你更好地解决问题，做出决策并进行思考。

想要远离我们的智能手机及电子设备产生的精神噪声，这一想法听起来相当简单，但实际上对于我们大多数人来说都很费劲。当我与受训学员谈论他们与技术的关系时，通常会出现三个主要关注点：

"我感觉自己对手机上瘾了，我查看手机的次数远超需要的次数。"

你的职业脉搏稳定吗？

"我敢肯定，这会妨碍我的工作效率，尤其是我的专注能力。"

"我感觉自己被信息淹没了，这让我感到焦虑。"

我的许多学员告诉我，他们想要减少不断查看手机的次数，却发现这几乎是不可能的："伸手拿手机就像是一种本能。至少有一半的时间，我甚至想都不想，直接本能地伸手就拿。"

如果你能理解我的学员的一些或者所有感受，你并不孤单。想一下在讨论管理人与技术的关系时所使用的词语，我们会这样说："我需要数字戒毒[①]"或者"我急需注销脸书（Facebook）账号"。他们的这些感受发人深省，因为这反映出我们对于设备固有的易上瘾的本性。让我来解释一下，你知道当自己特别口渴时，水的味道有多好吗？这来自我们悠久的奖赏回路——大脑向我们发出信号，表示某个东西很重要，并产生多巴胺来奖励我们。这就增强了重复这种行为的欲望。就技术（其设计旨在挖掘我们大脑的奖赏回路）而言，在现代生活中，没有屏幕与电子通信是不可能的，这就使无手机焦虑症成为一种日益普遍的现象。无手机焦虑症指你在无法使用移动设备或者移动数据连接时所产生的恐惧。这个新词源于英国邮政局进行的一项研究，此研究发现当面临"手机丢失、电量不足、手机余额耗尽或无网络信号"时，近53%的手机使用者会表现出焦虑的情绪。无手机焦虑症是非常真实的，以下数据说明了一切：

- 60%的18~34岁的用户，以及近40%的所有年龄段用户表示，他们过度使用手机。

- 美国人现在每日查看智能手机的次数大约为140亿次，平均到每位用户为52次。

- 在与朋友和家人谈话的同时，85%的智能手机用户会查看其设备。

[①] 指远离手机、电脑等电子设备。——编者注

- 69%的人承认，会在醒来的5分钟内查看智能手机。
- 75%的美国人会在浴室里使用手机。

而远离设备留出安静的时间有着巨大的好处，包括：

- 有助于增强你的社交联系。如果一直沉浸在自己的设备中，你很可能就无法把全部注意力放在周围的人身上。美国弗吉尼亚理工大学（Virginia Tech）的沙利尼·米斯拉（Shalini Misra）发现，在桌子上放一部手机就可能降低两个人之间的共情交流能力。

- 有助于提高你的工作效率，降低压力水平。格洛丽亚·马克与同事进行了另一项研究，调查电子邮件对压力及工作效率水平的影响。当利用查看电子邮件的数量来限制参与者时，他们经受的压力会显著降低，而专注于手头任务的能力会提高。

- 有助于保持你的智力敏锐性。阿德里安·沃德（Adrian Ward）是美国得克萨斯大学奥斯汀分校麦考姆斯商学院的助理教授，他和同事进行了一项研究来验证智慧流失的假设：智能手机仅仅是存在就会削弱你的认知能力。他们发现，即使参与者能够避免查看手机的诱惑，手机的存在仍然会降低他们的认知能力。有趣的是，他们还发现认知成本最高的人群，是那些高度依赖智能手机的人——想起无手机焦虑症了吗？

在深入探讨如何在你的生活中安排更多安静时间之前，我想特意澄清一下，我绝不反对技术。正如《关闭：数字戒毒，让生活更美好》（*Off: Your Digital Detox for a Better Life*）一书的作者塔尼娅·古德温（Tanya Goodwin）巧妙的陈述："并不是说数字世界一无是处；它似乎是太好了。这就是为什么你可以随处看到每个人都一直在打电话。"很多技术改变了我的生活，让我能捕捉想法，与全国各地的朋友保持联系，听我最喜爱的音乐，甚至是完成我的银行业务，等等。现实情况是，智能手机与技术在我的生活中发挥着重要作用，而且很可能在你的生活中也发挥着重要作用。当然，我的目标是帮助你开始思考，如何利用最有利的方式将技术融入你的生活中，而不会在此过程中削弱你的个人脉搏。面对技术不断吸引你的注意力，创造安静需要谨慎和用心。

如何练习安静

我的侄子凯尔文（Kelvin）大约3岁，拥有良好、好奇的心态。然而，和蹒跚学步小孩的大多数父母每天都被提醒的一样，当孩子想引起你的注意时，他们想当场就得到。在我写本章时，我去看望了哥哥和嫂子。当我在厨房帮哥哥做饭时，凯尔文跳起来大声说："快来快来，你们快过来看《狗狗巡逻队》（Paw Patrol）里的一个东西！"

我哥哥停下来沉吟了一下，转向凯尔文说："凯尔文，我知道你很高兴，要和我们分享动画片，但是姑姑和我正在做饭，还没有做好呢。你能等10分钟左右吗？而且，当你想问别人事情时，你要说'请'字哦。"

过了一会儿，哥哥转向我说："养一个蹒跚学步的孩子是很难的。我尽最大努力让他懂得，什么时候可以或者不可以打扰别人。"听到这些，我笑起来，因为我开始认识到管理孩子和管理设备之间的相似之处。如果我哥哥不制定规则，凯尔文就会失去控制，我们就会被不断地打扰，最终对每个人都无益。在马努什·佐莫罗迪（Manoush Zomorodi）的《越无聊，越开窍》（Bored and Brilliant）一书中，她采访的硅谷顾问、作家亚历克斯·索勇-金·庞（Alex Soojung-Kim Pang），巧妙地描述了这种相似性："作为父母，我们可以教孩子更好的规则。同样地，我们也可以教智能手机更好的规则。我们可以将它们从不断打扰我们的设备，变成可以保护我们注意力的设备。"

以下三个要素，可以开始为你的数字习惯制定规则，在你的生活中减少噪声并营造安静。

第一步：进行技术审核。

正如精神导师兼作家迪帕克·乔普拉（Deepak Chopra）所说："觉察就是要恢复你的自由，使你能够选择自己想要的，而非过去强加给你的东西。"在改变自己的数字习惯之前，你需要觉察到这些习惯。电话在很多方面已经成为我们的延伸，我们往往没有注意到自己是如何使用电话的。例如，每当排队时，我总是会从口袋中掏出手机开始玩。以一周为期，你要特别注意使用电话的方式与时间。你不但要计算花费在手机上的时间，以及自己使用最多的应用程序，还要观察自己与手机之间的行为互动。你早上做的第一件事是查看自己的手机吗？你曾关掉过手机吗？当你和朋友谈话时，你会查看手机吗？你多长时间会不带手机而离开家一次？你会同时打电话与使用电脑吗？每天结束前记录下观察结果（不仅仅是看你使用各种应用程序的时间），列出你的数字倾向。在一周结束时，检查下自己的数字习惯，将每种习惯的问题程度，按照0分到5分进行评级（0分表示没有问题，5分表示有严重问题）。

第二步：创建数字习惯优先级列表。

在获取并评估自己的技术使用频率与行为之后，你可以开始决定要保留、改进、停止或开始的行为。要完成这些，你需要回过头来，检查列表中的每种行为，确定对哪些行为你想要设置一些规则。例如，对于我在排队时伸手拿手机的行为，我认为这是一种低价值的习惯，因为在这些时刻，完成我自己在做的事情不需要更多的信息。你可以使用下表，对自己的行为进行分类。表3–1是我的一个例子。

第三步：按照从最易改变到最难改变的顺序，对你自己的期望行为排序。

一旦整理好自己的清单，你要开始将行为变化每次一个地融入自己的日常生活中。我通常会建议学员首先尝试改变最容易的行为，然后逐步提升到更具挑战性的行为。在这样做时，记得使用第一章中概述的原则。如果某种方式不

你的职业脉搏稳定吗？

起作用，记得像科学家一样思考、学习，然后尝试解决方法。

表3-1

我想	当前行为	理想行为/新规则	改变难度
保留	在上班路上看新闻。 每天查看一次社交媒体。	我认为这种行为没问题，因为我从中受益很多。 我认为每天查看一次没问题，我愿意了解朋友生活的近况。	不适用
改进	每天查看领英（LinkedIn）订阅源5次。	每天在工作前后查看领英2次。关闭通知，以便在工作中不查看通知。	4/10
停止	早上第一件事就是查看手机。	确保卧室内没有任何小电子设备。	3/10
	排队时伸手拿手机。	确保手机一直留在口袋里，活在当下！	6/10
停止	和家人一起吃饭时，将手机放在附近。	确保吃饭时不使用任何电子产品。	2/10
	我允许大多数应用程序发送通知，不停地听到声音提示。	改变应用程序设置，这样我只会收到必要信息的通知。	1/10
	与同事共进午餐时，随身携带手机。	与同事共进午餐时，将手机放在办公桌上。	4/10
开始	一天中没有远离设备的安静时间。	在每日的工作日程表中，增加2段10分钟的空当时间。	7/10
	我没有定期追踪自己的屏幕时间使用情况。	开始每周一次查看自己的屏幕时间使用情况。	1/10
	我整天毫无缘由地多次伸手拿手机！	每次伸手拿手机时，问自己拿手机的"原因"。	8/10

庇护：接触自然世界

爬上高山，感受自然的呼吸。像阳光流淌到树木身上一样，大自然的平静也会流淌到你身上。风会将它们的清新吹入你的身体，风暴也会将它们的能量倾泻于你，而你的忧虑也将像秋叶一样脱落。

——约翰·缪尔（John Muir）

在我的生活中，自然一直发挥着重要作用。我在苹果农场长大，农场周围到处是自然的声音、味道与风景。当我搬到旧金山时，我特意住在要塞公园（Presidio）附近，要塞公园建在从前的军事哨所，占地30万亩，是重要的户外娱乐中心。这里有茂密的森林、绵延数千米的小径、壮丽的观景点，大多数地方都可以远眺金门大桥。在我30多岁的时候，我一直坚持在周末外出，走进大自然，通常会进行越野跑、公路骑行、冲浪、徒步旅行。然而，随着时间流逝，我的家庭与工作责任越来越大，抽出大段时间来亲近自然变得越来越难。

大约3年前，我突然得了重病。在29个月的时间里，我一共经历了8次全身麻醉的外科手术，多次急诊或住院，无数次去看医生与专家。这段经历既痛苦又可怕。我真正面临的挑战是测试自己的核心能力。诚实地说，正是脉搏原理最终帮助我度过了这段可怕又不确定的时期，我的个人脉搏没有削弱，活力也没有丧失。

然而在一开始，我遇到的最大困难是使用"寻找自然庇护"的概念。由于在各个手术室之间有限的移动，以及疲劳造成的衰弱感，我在相当长的一段时间几乎是足不出户。让我感觉悲伤的一个事实是，我可能永远无法通过高强度的活动与大自然交流，而我曾经非常热爱与依赖高强度的活动。有一天，当在外面慢吞吞地散步时，我开始意识到悠闲地踱步让我领会更多，于是开始四处张望。很快，我注意到自己公寓大楼附近有一个社区花园，而过去因为通常都是匆匆路过，我从没有注意过这个花园。推开小木门进入花园，我立刻被大自然所包围。当我看到阳光透过树叶，闻到花草的清香，又看到蜜蜂在玫瑰花丛中飞来飞去忙着采蜜，我亲身感受到自己紧张的面部表情变得柔和，心情变得舒畅，而脉搏本身也真正变得平稳起来。

这段经历使我意识到，亲近大自然并不是说要通过极限运动或征服高山的形式，来进行冒险以及走马观花般的欣赏。在大自然的庇护下充分利用闲暇时间，就是要我们坐在那里，留意自然，观察自然，与自然融为一体。自那时起，我就坚持每周都要去那个花园，现在我称它为自己的"康复花园"。在我的整个康复过程中，亲近自然成为（也将继续成为）我的一种强大的医疗形式。每次参观这个花园，我都会变得更平静，更清醒，更有活力，而且更有创造力。我能够更好地工作，也更喜欢与他人接触。我知道，亲近大自然的时间无疑让自己成为更好的领导者；实际上，我的直接下属和团队都非常了解我的"康复花园习惯"。对于我来说，大自然并非遥不可及的奢侈品，而是在现代工作和生活世界中进行压力管理、深度恢复与身心补充的必需品。

花点时间，回顾过去一周你花在户外活动上的时间占了多少。当我问受训学员这个问题时，他们往往会停下来思考，然后带着忧愁的表情看着我。如今，大多数人很少花时间在户外活动。我们在屋里做好准备，然后通勤上班，开车接送孩子上下学与参加课外活动，在室内吃饭、看电视，到电影院看电影，如此等等。

从进化层面来看，我们人类99.99%的时间都是在大自然中度过的。这意味着，我们居住在城市空间的时间不到0.01%。进化让我们需要在大自然的庇护里寻求恢复与放松。令人震惊的是，世界卫生组织报告显示，城市人口多于农村人口。到2050年，全世界66%的人口将居住在城市地区："考虑到在20世纪初，每10个人中只有1个居住在城市地区，这一比例具有重要的意义。"以下统计数据，可以让我们简单了解我们不断脱离自然的情况：

- 普通美国成年人每周接触大自然的时间为5个小时或更少。
- 生活在美国的儿童，平均每周在户外的自由活动时间为30分钟。
- 根据美国环境保护局的数据，美国人平均93%的时间都待在室内——大约87%的时间在屋里，而5%~6%的时间在车里。

由于生活不断的过度刺激，以及"马不停蹄"的迷思促使我们不断忙碌，我们与潮汐涨落、季节交替以及生命的联系已经被淹没。弗洛伦斯·威廉斯（Florence Williams）在其《自然的治愈》（The Nature Fix）一书中，恰当地将这种现象称为"室内症"。

你每周多少次停下来欣赏日落，真正用脚去接触大地，或者观察月亮与星星？

除了工作、金钱、家庭以及不断行动的压力之外，我们与大自然的脱节也会带来一些后果。澳大利亚可持续发展学教授格伦·阿尔布雷希特（Glenn Albrecht）创造了术语"精神错乱"（Psychoterratica），表示与自然脱节造成的有害心理影响。日益城市化的工作环境与自然界（我们在生理上适应了自然界）之间的鸿沟，造成我们在现代社会承受高强度的压力。

在日本，出现了越来越多的自然治疗场所，帮助精神错乱的人从过度工作中寻得短暂休息与庇护。森林疗法通过一系列基于研究的练习促进身心健康，包括沉浸在森林中。这种疗法是以日本的森林浴（shinrin-yoku）为基准。日语shinrin意指"森林"，yoku代表"沐浴"。实质上，shinrin-yoku意指通过感官——视觉、听觉、嗅觉、味觉（如果安全）与触觉"在森林里沐浴"。其理念是，通过调整感官，我们可以缩小自己与自然界之间的鸿沟。

毫不奇怪，研究证明了我自从每周去一次森林以来所体验到的好处是真切的。科学研究表明，长时间沉浸在自然中可以降低皮质醇（压力的标志），减少炎症，降低心率，增强免疫系统，提高注意力，改善情绪，增强活力与创造力。研究还发现，寻找自然庇护甚至可以让你变得更富有同情心，更慷慨。

我们知道自然对我们的个人脉搏有许多积极作用，但是对于每天在工作中感到压力的我们来说，随时逃入森林或海洋是不现实的。好消息是，即使是短暂地接触大自然，也会强化你的个人脉搏。研究发现，短暂地参观城市公园或者森林，对于缓解压力有积极作用。另一项研究发现，哪怕每天只花20分钟去接触自然，也足以显著降低"压力激素"皮质醇的水平。还有研究发现，仅仅只是看大自然图片的行为，也有助于看照片者恢复精神活力。同样地，美国得克萨斯农工大学（Texas A&M University）的研究发现，第一次观看激烈电影的受试者，在接触播放自然景色的录像带时，可以更快、更彻底地从压力中恢复。这些研究连同诸多其他研究，均得出同一个结论：我们从寻找自然庇护中受益匪浅。

当陷入"马不停蹄"的迷思时，我们很容易将与高效工作无关的时间视为被浪费的时间。对于几乎所有受训学员，我建议他们开始练习离开办公桌，走出门，坐在公园里乃至树下。毫不奇怪，他们往往认为这是一件有趣但通常无用的事情。

吉门内斯博士的教练诊察台 ▶▶

自然如何减轻个人压力

塞缪尔（Samuel）是一位卓越的数据科学家，因为发现自己处于职业倦怠的边缘，于是向我寻求帮助。当他听到我要给他开"自然药丸"时，他困惑地看着我。

"这听起来很棒，吉门内斯博士，我确信这会让我感觉很舒服。但是，我认为在树林中散散步不会给我带来任何显著效果。"

我笑着对他说："你说得也有道理，可我们为什么不把这当作一个实验呢？告诉我，如果你按照我的'药方'，一周每天至少外出20分钟，接触大自然，你认为会有什么样的结果？"

"我来尝试下这个实验。我推测我当时应该感觉还不错，但是一旦我返回办公桌，我就会发现自己要应付铺天盖地的电子邮件与信息，这些都需要我进行回复，这只会再次加剧我的压力。"

"你这些担心都是有道理的。谢谢你在这些既定压力下仍然愿意进行尝试。请确保你记录下服用'自然药丸'前后的感觉。在我们下次见面时，我们可以回顾你的记录内容。"

结果在我们下次的会面中，塞缪尔脸上洋溢着笑容。他用笔记本记录了自己对接触自然的反应，他把这个笔记本交给我看，说："好吧，吉门内斯博士！我的推测被证明是错误的。我不敢相信自己会这样说，但是我实际上开始期待外出了。我甚至在办公楼拐角处找到了一个很酷的公园。我原本以为这些令人分心的事要付出代价，但它们不是'令人分心的事'。我的压力并没有回来，相反能够更加高效工作。当我回来时，我实际上回复电子邮件的速度更快了。此外，这个实验最令我惊讶的是，当我散步回来时，办公室里有三个人对我的笑容进行评论。"对于塞缪尔及我的大多数学员来说，最初看似无足轻重的某些东西，已经实际上变成了他们日常工作必不可少的一部分。通过直接从持续不断的接触自然中获益，我的学员开始意识到，不寻找自然庇护是要付出实际代价的，而寻找自然能够从中获益。

如何与自然相处

在培训学员的过程中我学到的是，与自然的联系是一种非常私人化的体验。这里我根据研究提供一些关于如何优化你在自然庇护下时间的建议，但我也鼓励你们根据自己的个人价值、文化规范、身体能力与生活地点改变与修正这些建议：

第一步：确保你获得适当长的接触自然时间。

你在自然中的时间越长，你就会从接触自然中受益越多。为了从中受益，你需要满足一些门槛要求。具体来说，美国密歇根大学副教授玛丽卡罗尔·亨特（MaryCarol Hunter）与同事进行了一项研究，发现接触自然20分钟足以降低参与者的皮质醇水平。此外，他们发现30分钟或者更长时间的自然体验活动，会使皮质醇水平以最快的速度下降。基于此，我建议每周进行至少3次（理想情况是每日1次）的户外或者自然活动，一次时间为20分钟到30分钟。

第二步：正式将自然时间添加到你的日程表中。

主要的一点是，让接触自然成为你正常生活方式的一部分。我的那些从这种习惯中获益最大的学员，通过将接触自然作为必选项添加到其日程表中实现这一点。例如，我的一位学员每周一、周三和周五午饭之后到附近的林荫道散步一次。另一位学员喜欢早上到自然界活动一会儿，具体做法是起床，煮咖啡，然后带着狗到户外闲逛20分钟（风雨无阻）。许多学员发现，他们的直接下属和同事非常喜欢"走路开会"的做法。有许多方式可以将短暂的自然时间融入你的日程表中。关键是按照你定期开会的方式，优先安排自然时间。

第三步：如有可能，不要随身携带电子设备。

相反，你要通过视觉、听觉、触觉甚至味觉（当然在安全前提下），充分感受周围的自然。我那些在自然环境下举办会议的学员，往往在会议开始和/或结束时暂停2分钟，其间他们和合作者会沉默，利用感官去感受周围的自然。他们告诉我，这种做法使每个人可以在后续的会议中更具存在感，更冷静而且更觉察。

寻找自然庇护的其他注意事项：

（1）不要感觉自己好像必须独自生活在大自然中。想要尝试一下户外团体会议吗？尽力去试一下吧！研究发现，在减少抑郁和压力，以及改进整体精神面貌方面，小组自然漫步和独自散步效果一样。实际上，研究者注意到，最近经历生活压力事件的人最能够从小组的自然远足中恢复脑力。

（2）记录下你远足前后的感受，尤其是当你开始这样做的时候。当我和学员一起将接触自然练习融入他们工作中时，我往往会要求他们录制他们待在自然界前后的短视频。然后在他们需要休息却不考虑休息时，看一下这些录制的视频，这样做对于维持这种做法的动力大有益处。因为在工作日去户外，与"马不停蹄"的观念背道而驰，而当生活开始忙碌时，这往往成为第一件被忽略的事，而且不会被优先考虑。观看一段短视频，看看自己侃侃而谈从接触自然中获得多少好处，这可以成为一种有力的提醒方式，提醒你接触自然不是一种奢侈，而是一种很有必要的做法。观察你自己，找到事实证明自己需要这样做的原因是很有说服力的，没有人会比你更了解你自己。

（3）将户外活动带到室内。有时候，天气、身体伤残或者其他原因，使我们很难尝试着进入大自然。如果你无法进行户外活动，试着听听大自然的声音或者看看大自然的图片。布莱顿和萨塞克斯医学院（Brighton and Sussex Medical School）的研究人员使用磁共振成像扫描仪来监测受试者在听到自然声音时的大脑活动。研究发现，倾听潺潺流水、下雨或者树丛中的风声等声音，往往与休息、消化神经系统活动（与放松身体有关）增加，以及在外界监管的任务中表现更好有密切关系。有趣的是，他们还发现在开始实验之前有着最大压力的人，听到自然声音的时候，身体最为放松。

通过寻找自然庇护充分利用闲暇时间，这种简单、低成本、有效的方法，可以让你从受刺激的精神状态变化为平静的精神状态。我们可以给予身心重新连接自然界的能力，因为我们的生理器官已经适应了自然界。

独处：花些时间独自一人

独处是灵魂的假期。

——卡特里娜·凯尼森（Katrina Kenison）

我和受训学员贾里德（Jared）一起沿着加利福尼亚州山景城（Mountain View）的海岸线湖（Shoreline Lake）散步。我注意到，他的双臂焦急地交叉在胸前，喃喃地说："但是，保持联系与掌握信息是工作的必要组成部分。"他最近刚获得晋升，成为该地区一家知名公司的高级创意总监。在担任新的领导角色之后，为了继续保证他维持创造性的力量，我们谈论的是创造空间，而不是排得满满的日程表。他停下来用一种近乎恐惧的眼神注视着我的眼睛，同时用手遮住了脸。贾里德说："当我乘坐加利福尼亚州火车去上班时，我不会感到无聊，也不会让自己思维凌乱；我可以充分利用这段时间。"他以为将自己的时间安排得满满当当就是高效，而对于独处是他生活的关键组成部分这一观点来说，他感觉有些难以接受。

很多人可能都知道一个描述得很形象的首字母缩略词FOMO（Fear of Missing Out）：担心错过。它代表了我们大多数人在新的工作世界里所持的普遍观念——即时沟通、永不离线，只是为了以防万一。我们担心，如果没有掌握信息并保持联系，我们可能会错失一些最重要的事情，这种想法在我们的社会中已经很普遍。如今，我们通过即时通信程序、社交媒介与他人联系十分密切，以至于我们很难完全独处。这个快速反应的世界让我们不可能静静地坐着，这对于独处来说也很不利。

实际上，诸如尼古拉·特斯拉（Nikola Tesla）、海明威、马丁·路德·金与达·芬奇等历史上的许多伟大的思想家、艺术家、作家、科学家与领导者，都会定期寻求独处，以便恢复和更进一步升华自己的思想。艾萨克·牛顿在1665年因为伦敦大瘟疫被困家中，结果在数学的关键领域有了重大的新见解，由此提出微积分。此外，受到大自然的启发，牛顿开始思考月球，以及是什么使月球一直围绕地球运行，最终发现了地球引力。

充分利用闲暇时间的三个"S"中的第三个"S"为"独处"，指有时间做事而不去做的行为。这是你思想独处的时间，你可以胡思乱想、反思或者解决问题，无须考虑是否在分心。以这种方式使自己平静下来的能力，在当今的工作世界是一种竞争优势。确定独处的界限，对于清晰的思维能力、创造力与自我觉察来说至关重要。这不仅需要严格的训练，而且还需要勇气。

鉴于"担心错过"这种心理的普遍性，大多数人对于错过或者引发更多恐惧的无聊想法感到不安。当把思想独处和浪费时间等同起来时，我们很可能会不惜一切代价来避免独处。为了"充分利用我们在一起的时间"，用言语来填补会议上的沉默时间，用任何事情来填补空闲时间，我们在安排日程表时面临着巨大压力。研究发现，我们会竭尽全力避免物理独处和思想独处。实际上，美国弗吉尼亚大学心理学教授蒂莫西·威尔逊（Timothy Wilson）、谢雷尔·J. 阿斯顿（Sherrell J.Aston）及同事进行了一项研究，让受试者只是坐在空房间里，思考6分钟到15分钟。令人震惊的是，他们发现67%的男性，以及25%的女性情愿选择被电击，也不愿坐着，让思想也独处。一位参与者甚至接受高达190次的电击！

与其思考如何让生活变得更充实，深陷"马不停蹄"的迷思，我建议你思考如何拥抱"错过的喜悦",从生活中收获更多。独自一人坐着,放飞思绪,你可能感到好像"什么也没有发生",而实际上很多事情已在悄然发生。根据注意力恢复理论,当你处于一个感官刺激水平较低的环境中时,大脑可以"恢复"一些认知能力。更准确地说,当你独处时,你激活的不是当你努力完成一项任务时,控制与抑制你注意力的大脑部位(被称为"执行注意网络"),而是一个叫"默认模式网络"的大脑部位。

有些独处形式肯定会造成痛苦,但研究人员发现,当人们将独处用于离群、放松、自我反思与创造性追求时,就会产生积极结果,具体如下:

(1)清晰的思维能力。在当今的工作世界,你很可能花费自己的大部分时间来消化大量信息,但是这些时间不足以使信息本身得以扎根、形成与提炼。如果从不停下来检查与反思自己正在做的事情,你如何衡量自己做的是否对呢?独处使你能够更清晰地阐述自己一直在做的事情。

(2)提高创造力。你的思想独处时间,可以使你的大脑建立新的连接,这是增加解决方案、选择,最终增加更多维度的途径。哈佛大学心理学家雪莉·卡森(Shelley Carson)在其《你的创造性大脑》(*Your Creative Brain*)一书中指出,对于想要始终保持创造性的许多人来说,最大的障碍之一是,无法同时进入综合状态(按照自己的想法行动)和吸收状态(包括接受、处理与过滤思想和信息)。在独处时,我们有机会找到熟悉问题的新颖解决方法。相应地,研究发现,当人们交替进行个人头脑风暴与小组头脑风暴,头脑风暴效果会增强。

(3)增强自我觉察。适当的独处时间当然对内省的习惯有利。如果未曾给自己独处的时间,你可能会失去了解自己以及重要事情的能力。在独处时,你可以关闭现代世界产生的震耳欲聋的噪声,而倾听你自己的内心声音。在听不到别人意见与声音的情况下,你会变得更自在,更真实地对待你的思想、意见以及自我意识。

不管何时都能维持稳定个人脉搏的成功人士，不是那些懒惰或者从未忙碌过的人。这些成功人士知道如何通过在缺乏独处的世界里拥抱"错过的喜悦"，充分利用闲暇时间。新的工作世界需要娴熟的人际沟通技能、创造力，管理自己情绪反应的能力，以及健康的自我觉察；拥有独处习惯对于这些事情都十分有利。我鼓励你不要将独处的自由活动时间视为干好工作后对自己的奖励，而要将其看作干好工作的前提条件。为了真正地了解如何在我们所处的复杂的新工作世界中做出最佳行动，你需要抽出时间回过头来，真正地对此进行思考。

如何构建你的独处能力

"独处"可能是一个被过度使用的术语，许多人将它和孤独或者单独禁闭等联系起来。我不是从与其他人纯粹的物理分离的意义上讨论独处。相反，我是指你与自己和自己思想独处的能力。合适的"剂量"、环境与时间因人而异，你需要确保对不同形式的独处做试验。

第一步：弄清你比较满意的独处水平。

作为性格内向的人，我发现自己钟爱独处的习惯。实际上，我每周在漆黑的剥夺一切感觉的水池里漂浮一个小时。我将这视为走进内心、了解自我的时间。在每次离开时，我都会更加专注、精力充沛，实现自我和自我目标的协调。事实上，诸如乔·罗根、卡尔·刘易斯（Carl Lewis）与蒂姆·费里斯（Tim Ferris）等许多名人都会定期这样做。如果你一想到长时间思想独处就心烦意乱，可根据第一章中的步骤慢慢来。记住，独处的时间很重要，但是你无须立刻将自己置于压力区。练习独处可以如同独自散步、每周花半小时写日记，或者在开会前暂停两分钟独自坐着一样简单。

第二步：记录你生活中已有的独处时间。

例如，你上班是独自开车或乘车？很好。关掉音乐，静静地开车。一个人排在长长的队伍之中？那么，将你的手机放在口袋里，放松自我。

第三步：持续多长的独处时间对你是有益的。

了解到前一步你发现的独处水平后，你想或者需要增加更多机会吗？每个人对于自己需要及想要的独处时间都有着不同的界定。如果你已经有了大量的独处时间，你就无须在自己的日程表中增加更多的独处时间，只要确保你是在利用这些时间放松自我，而不是去做事情。我希望自己能够提供更多的细节，但是美妙之处在于，你有很多的机会通过独处来充分利用闲暇时间。唯一需要做的事情是，你要把花时间独处作为一种习惯。

通过孤独寻求"错过的喜悦"的其他注意事项：

（1）并非所有的独处时间都是一样的。仅仅只是你独自一人，并不意味着你在主动地培养独处习惯。通过独处习惯来充分利用闲暇时间，就是要你在思想上独处。例如，独自去看电影并非在培养独处习惯。

（2）试着将独处带到工作场所。例如，如果你正在启动新产品或者倡议，试着在集体头脑风暴前后抽出时间独自思考解决方案。

将充分利用闲暇时间的三个"S"结合起来

研究发现，当你与同事共进午餐时把手机放在办公桌上，或者花二十分钟去接触大自然，甚至在重要会议前仅仅暂停两分钟来"放松自我"，类似这样的短暂闲暇时间都会产生积极的效果。通过巧妙且有意识地将充分利用闲暇时间的三个"S"融入工作与生活中，你不但能够保护与补充自己的精力，还能更专注、更富有创造性、更清晰、更集中而且更高效。此外，有大量证据显示，这同样适用于迥然不同的行业。记住，我们都需要"加油"。

由于现代工作世界的各种要求，每天的1440分钟很快会被占据。而且，并不是所有人都可以随意下班休息的。幸运的是，当你读完本章，你就会明白，充分利用闲暇时间的做法具有鲜明的个人特色。你可以采用许多不同的方式、时间与做法，以便每天充分利用闲暇时间。对于大家来说，闲暇时间可能会有许多不同的形式，这些形式需要符合你的个人喜好、个性与目标。

我经常帮助学员制订充分利用闲暇时间的个性化方案，以下是制订这种方案的两步：

第一步：利用图3-1的闲暇时间之轮，记录你目前在生活中实践三个"S"（安静、庇护与独处）的情况。根据你的评估结果，从圆形中间开始到外缘对每个扇形涂色。如果你达到理想水平，就把扇形涂满。如果你经常忽视三个"S"中的一个，你就只需对扇形的一小部分涂色。下图是我的受训学员对他的休闲之轮涂色的示例。你可以从图中看出，尽管很好地分配了庇护和独处的时间，他在生活中却很少拥有安静的时间。

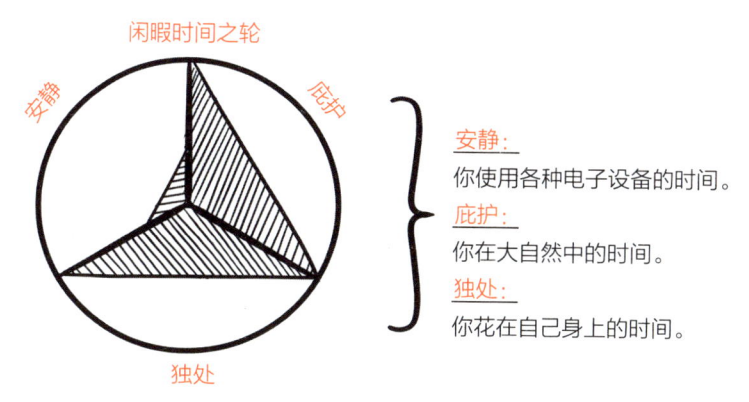

安静：
你使用各种电子设备的时间。
庇护：
你在大自然中的时间。
独处：
你花在自己身上的时间。

图3-1　你的生活中有多少安静、庇护与独处时间？

第二步：考虑上述闲暇时间之轮，从短、中、长、很长的视角制订计

你的职业脉搏稳定吗？

划，写出自己想如何巧妙地将这些时间安排到你的生活中。短视角指1到20分钟的闲暇时间；中视角指20分钟到1天的闲暇时间；长视角指2天或以上的闲暇时间；而很长视角指持续1个月或更长的闲暇时间。表3-2是我的学员塞缪尔制订的闲暇计划：

表3-2 闲暇计划工作表

模式	短时段 （1到20分钟）	中时段 （20分钟到1天）	长时段 （2天或以上）	很长时段 （1个月或以上）
安静	排队时不查看手机。在与直接下属进行一对一交流时，将手机放在视线之外。	三餐时将手机收起来，放在视线之外。在一天的预定时间查看邮件，而不是看到邮件提醒就查看。周日远离屏幕！	每年做一次冥想训练。在下次度假时，挑战让自己在至少三天里完全离线。	在职业生涯的某个节点，休假六个月或者一年。
庇护	在工作时倾听大自然的声音。每工作50到90分钟，站起来向窗外看几分钟。	每周至少3次，在户外待上25分钟。	在生日前后独自进行周末户外露营，一年一次。	
独处	在每次会议前暂停2分钟，让自己集中精力，放松自我。	在乘坐加利福尼亚州火车去上班途中，安静地坐着，放松自我。将每周1小时的自我例行会议添加到日程表中。	在生日前后独自进行周末户外露营，一年一次。	

正如你从塞缪尔的闲暇计划工作表中看到的，塞缪尔重复着同一种活动（"独自进行周末户外露营，一年一次，不带任何电子设备"）。没错，你可以把独处和一种甚至两种充分利用闲暇时间的活动结合起来。例如，当你在自然界，而且没有带手机时，你可以让思想独处。另外，塞缪尔增加了超长的闲

118

暇时间，即休假年。这是受到了著名的纽约设计师斯特凡·萨迈斯特（Stefan Sagmeister）的启发，斯特凡·萨迈斯特每隔几年就休一整年假。在这段很长的闲暇时间里，萨迈斯特拒绝接受任何客户的委托，他甚至拒绝了为奥巴马竞选活动设计海报的邀请。

另外，塞缪尔决定在每50分钟到90分钟的高效工作之后增加短暂的暂停时间。这是受到了一项研究的启发，此研究发现每50分钟到90分钟休息一会儿有助于恢复自我，提高注意力。最后，你可能会注意到，塞缪尔将自己的生日作为他长时段闲暇练习的触发因素。生日是一个重要时刻，我们通常都不会忘记，这也是你带着更强的自我觉知与清晰性，开启下次年度之旅的重大机遇。利用此闲暇计划工作表，你可以为自己确立一些核心的闲暇活动，在此过程中，学着成为自己在闲暇方面的行家。

我和所有学员共同确定闲暇活动，并将其融入学员的生活中，在此过程中我们证明、确认了一件事，做到这一点看似很直观，实际上却不容易。其他人随时与我们分享的大量信息、通信与访问，使得进行短暂休息比之前更困难了。我想提醒你，你有大量机会来充分利用自己身边的闲暇时间。我希望通过本章中的闲暇计划工作表以及练习，你会对其有更多的了解。

而且，"马不停蹄"的观念是一种顽固的观念。通常，在我的学员将新的闲暇活动融入自己的工作流程时，他们会产生不适感，担忧自己过于懒惰。有些学员向我承认，有的闲暇活动比起其他重大优先事项，似乎显得有些放纵、愚蠢或者不那么重要。但是，就充分利用闲暇时间而言，为了维持稳定个人脉搏，你必须相信这项活动不仅能为你带来益处，还能为那些你带领的人以及你的整个社区带来益处。图3-2总结了整个过程。

你的职业脉搏稳定吗？

安静：为技术制定规则

微弱脉搏
不选择 — 持续中断
尝试 — 明确的规则
稳定脉搏

询问自己的问题
- 我是否意识到了自己使用电子设备的倾向？
- 我是否为自己的电子设备使用明确制定了规则？
- 我希望保留、调整、开始或停止自己哪些方面电子设备使用习惯？

庇护：接触自然世界

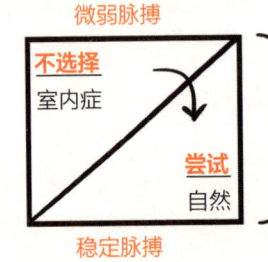

微弱脉搏
不选择 — 室内症
尝试 — 自然
稳定脉搏

询问自己的问题
- 我一周在户外的时间占到什么比例？
- 我是否已正式将在大自然的时间加入自己的日程表？

独处：花些时间独自一人

微弱脉搏
不选择 — 担心错过
尝试 — 错过的喜悦
稳定脉搏

询问自己的问题
- 我对简单的生活满意吗？为什么？
- 我知道多少独处时间对自己有益吗？
- 我是否每周都会利用简单生活的机会？

图3-2　充分利用闲暇时间的三个"S"

其他充分利用闲暇时间的技巧

- **让其他人知道你的活动**。我的许多学员发现，在同其他人的社交中，定期告知自己的闲暇活动是很有益的。一定要告知自己的目的，以及这项活动的重要性。为了提高自己闲暇活动的地位，以及向其他人表明这项活动的重要性，比尔·盖茨甚至将自己在胡德海峡的时间命名为"沉思周"。

- **寻找其他有效的活动**。虽然我在本章中重点介绍了安静、庇护与独处活动，但这并不意味着其他活动不能帮助我们从工作中积极恢复以及脱离出来。花点时间，确定那些在过去可以使你从工作中恢复以及脱离出来的其他活动。

- **与旧习惯联结**。正如其他章节所述，借助已经养成的习惯来培养新习惯的做法，可以使得养成与保持新习惯更加容易。这就是说，你要寻找机会不断地将新的闲暇行为与你已有的习惯联结在一起。例如，我的一个学员每次回家时都会将钥匙放在玄关桌上；现在，她也将自己的手机放在那里。我的另一位学员，喜欢在女儿的日托所门口停留2分钟，在迎接女儿出来之前放松自我。

- **不要低估短时段闲暇时间的价值**。如果你正面临着极其艰难的工作周，不要完全忽略闲暇，寻找哪怕最短的时刻来完成这些活动。

最后，不要过于忙碌而停不下来！不要因为优先安排紧急任务而非重要任务，让自己陷入"马不停蹄"的迷思。

第四章
获得支持

● 1小时59分的马拉松

2019年10月12日,肯尼亚34岁的奥运冠军埃鲁德·基普乔格(Eliud Kipchoge)以1小时59分40秒的惊人成绩完成了马拉松(42.2千米),创造了历史。我想花点时间,来证实这是快得多么骇人的速度。他的平均速度为每千米2分50秒!2019年美国男子马拉松比赛的平均完成时间为4小时30分46秒(每千米6分23秒)。考虑到这一点,很难想象一个人如何在1小时59分40秒的时间里完成一场马拉松。

基普乔格的身体素质、能力与精神自制力令人难以置信,他确实是我们这个时代最伟大的运动员之一。然而,除此之外,基普乔格真正的伟大之处在于他接受其他人的帮助,明白获得帮助绝不是软弱的表现,这让他能百尺竿头更进一步。

在基普乔格比赛的最后500米,他并非一个人在冲刺。如果看过他跑步时的视频,你会很快注意到,在实现这一破纪录壮举的过程中,他获得了大量的支持。在关于这场马拉松的照片中,你可以看到赛道旁无数的粉丝在为他加油,成群的领跑员在他身边奔跑,引导车用激光在路上投射出理想的位置,甚至有骑自行车者为运动员提供饮料,这样他就无须减速。这场马拉松比赛是一个典型例子,显示出如果合适的人聚集在一起,围绕共同的激情与使命而团结在一起,可以取得什么样的成就。

无论你想要对这个世界产生什么样的影响,从埃鲁德·基普乔格取得惊人成绩的因素中,你可以学到很多东西。戴夫·布雷斯福德(Dave Brailsford)

先生担任基普乔格标志性挑战的首席执行官，巧妙地寻找了一大批专家，这些专家代表着给人深刻印象的人类表现、科学与技术的结合。营养学家帮助基普乔格吃合适的食物。领跑员在赛道两旁陪着基普乔格跑，帮他挡风。城市规划者与专家考虑了29条不同的路线。气象学家与温度调节专家提供了理想的气候条件信息。杰出的工程师们制造了一辆电动车，能够监控基普乔格在整个路线中的位置及运动距离。社交媒体专家努力确保粉丝到场。赛事策划者保证这项涉及方方面面的赛事顺利进行。耐克的设计团队为基普乔格定制了高科技跑鞋。这样的例子有很多。不同人群在同一目标的驱动下协力合作，最终创造了历史上具有里程碑意义的时刻。在这珍贵的时刻，基普乔格的脚跨过终点线，带着喜悦的微笑跑向妻子并张开双臂，很明显他的生理脉搏与个人脉搏都很稳定——内心充实。这是他最好的成功。

"单打独斗"的迷思

> 权力与金钱是生活的果实。但是，家庭与朋友是生活的根。没有果实，我们有时也能维持生活；但没有根，我们永远难以立足。
>
> ——丹尼尔·弗雷迪·丹佐（Daniel Friday Danzor）

没有什么比无比成功的企业家更让我们心向往之。白手起家的英雄故事，成为美国梦魅力的一部分。我们被告知，通过智慧、远见与职业道德，你可以完全凭自己的力量走向成功之路。当我们想到商业上的"成功"时，一个人最大的荣耀之一就是白手起家：你完全靠自己登上成功之巅。你自力更生，依靠自己的足智多谋与动力，依靠独立性。你勇于面对逆境，克服困难处境，最终取得了成功。对于那些成功的人来说，一想到"完全靠自己"获得成功，他们会非常有成就感。在许多方面，独立与自立被视为一种美德。但是，看得再深入一点，你会发现许多成功案例实际上更像是无稽之谈。成功完全依靠我们的行动与态度，这是一种错误而且很危险的观点，而"单打独斗"的迷思使这种观点一直长久持续下去。这种观点否定了取得成功的重要部分——其他人。

真的有人能够独自成功吗？我的回答是"不能"，因为成功不是一个人的追求。无论你的公司或者产品可能多么具有创新性或者多么优秀，你仍然需要客户、推销员，你仍然需要他人才能取得成功。你可能才华横溢、卓尔不凡、能力超群，但是你在通往成功的道路上仍需要别人的帮助，最重要的是，这些帮助会让你维持成功。无论你想在哪个行业获得成功，你至少都需要其他人的一些帮助，否则你想获得杰出的成就几乎不可能，尤其是在当今日益复杂的工作世界。考虑到变化的速度，以及驾驭不稳定、不确定、复杂与模糊的环境所需要的日益增加的信息与知识量，"单打独斗"的观念过气也就不足为奇了。

现实是我们乐于同他人保持联系，因为我们天生都是社会性生物。作为生物有机体，我们注定要互相依附。你知道被作为替补，被排除在外，或者被拒绝的感受吗？这种感觉很糟糕，对吧？这类体验会触发一系列"警报"，例如痛苦、焦虑及其他痛苦情绪。这是因为，我们的DNA决定了我们渴望依附；会因为被排除在外而感到痛苦是我们生物构成的一部分。从进化心理学的角度来看，如果我们没有被赋予联系其他人的能力与动力，则我们无法作为一个物种生存下来。在自然界中，存在着太多的狩猎者、威胁及自然灾害等其他危险，依靠自己的力量我们是无法生存的。如果你想要一直维持稳定个人脉搏以及成功，你必须要利用人类以及许多其他物种在进化过程中获得支持的方式。

我在美国北加利福尼亚州长大，有幸生活在大量挺拔的红杉林附近。红杉树是我目前最喜欢的树，我经常进入穆尔森林去欣赏林中美景。我从这些树木中得到了很多的启发。红杉，尤其是海岸红杉是世界上最高的树木。这些树可长到大约37层楼那么高，也就是接近120米。你可能会以为，它们长这么高，根系一定很深。真实的情况是，红杉的树根其实非常浅，通常只有两三米深。然而，红杉弥补根浅的方法是以丛林的形式生长在一起，它们的根系互相缠绕，甚至长在了一起。这种相互依存给了它们巨大的力量，用以对抗自然母亲的强大外力，让它们能够随着时间推移而维持在一起。这些树生长了数百年，据记载，其中一些甚至有着2000多年的树龄，这就意味着今天活着的一些红杉，在罗马帝国时期就已经生长在那里了。自恐龙时代起，海岸红杉就一直生长在地球上，如今已经有超过2.4亿年了。实质上，红杉就是可持续性的缩影，它们不是通过在地下深深扎根，而是通过互相支持来实现这一点的。

众行者远

我们都需要彼此。这种相互依存的关系正是个人与团队功能走向成熟的最大挑战。

——库尔特·勒温（Kurt Lewin）

一天，在我伏案写本章时，我的家乡旧金山市长伦敦·布里德（London Breed）向所有居民发布了强制的就地避难令，以"拉平新冠病毒的疫情曲线"。当新闻报道命令时，我独自一人在家，习惯性地伸手拿手机给朋友和家人打电话。一种强烈的直觉驱使我奔向我爱的人，然而我却被告知要远离朋友和家人。这让我感到痛苦与焦虑，脑海里也思索着各种问题，例如：我怎么能忍受无法照顾年迈的父母？如果患有心脏病的哥哥生病了怎么办？我现在怎

你的职业脉搏稳定吗？

能和自己最深爱的人分开？我并不是唯一有这种感觉的人。在布里德发布通知之后不久，我的照片墙与推特的订阅源里都是各种表达担心与焦虑的评论、视频与文章。这些担心不仅仅是对我们所面临的这一世界范围大流行病的担心，也是对就地避难将会产生影响的担心，因为就地避难意味着每个人都要面临社会隔离、孤独、心理健康、人际关怀与照护的问题，对于弱势群体尤其如此。这些担心绝非毫无理由。我们天性乐于同他人保持联系，在面对世界大流行病这样可怕并且不确定的事情时，生物本能触发了我们内心深处相互依赖、获得支持的需要与渴望，这是可以理解的，同时也是我们一直以来得以生存的方式。

新冠病毒以惊人的速度在全球蔓延的能力，证明了我们作为人类物种的联系是多么密切。同时大量新的研究告诉我们，尽管我们比以往任何时候的联系都更为密切，我们中的许多人却面临着不断增强的孤独感。

在可怕的大流行病期间，孤独并不只是就地避难人们的问题，孤独本身已经成为一种"流行病"。在全世界许多国家，报告显示出人们的孤独程度很高。以下为一些令人震惊的数字：

- 全世界几乎一半（45%）的成年人说，他们会经常感觉孤独，而千禧一代（1999—2009年出生的人）经常感觉孤单的人比例更高（62%）。

- 五分之三的美国人（61%）报告说，他们感觉孤单。四分之一的美国人没有可以倾诉的人。

- 韩国有160万单身者。日本有超过50万40岁以下的人，至少6个月没有离开过自己的房子或者与任何人进行交流。

孤单并不只是当你想寻找骑行伙伴或者想搭好友便车去机场时的不便；研究显示，孤单会产生严重的健康后果。孤单造成的健康风险和你每天抽15支香烟带来的健康风险一样；淡漠的人际关系造成的危害是肥胖造成危害的2倍，其致命性是酒精中毒致命性的2倍。2010年，美国杨百翰大学（Brigham Young University）心理学教授朱莉安·霍尔特-伦斯塔德（Julianne Holt-Lunstad）和同事发布了对148项不同研究的汇总分析结果，这些研究涉及30多万人。他们发现，与那些社交联系较少的人相比，有着丰富人际关系的人在特定时间内死亡的可能性要低50%。霍尔特·伦斯塔德与同事在2015年发布的后续汇总分析研究了全世界340多万人的数据，证实了缺乏丰富的人际关系与酗酒和吸烟的风险相当，造成的危害比肥胖还严重。

当"9·11"事件震惊美国时，我无意中发现了弗雷德·罗杰斯（Fred Rogers）的一句话："当我还是个孩子，并在新闻报道中看到可怕的东西时，我的母亲会对我说：'找帮手。你总能找到愿意帮助你的人。'"随着新型冠状病毒的传播，我必须费大力气才能找到帮手。有无数有关利他主义、相互依存与同情行动的故事：罗马一位居民拍的视频中，他与邻居虽然彼此分离，却在阳台上齐声歌唱；英勇无比的医疗工作者奋斗在第一线，远离亲人，长时间工作来服务他人；还有些居民义无反顾地去筹款，为无数家庭提供膳食，因为这些家庭失业，面临经济困难，无法养活自己的孩子。这些例子证明了，当人类精神获得人际关系的支持之后，就会有牢不可破的力量。对于我来说，这是人类最美好的时刻，各行各业的人们聚集在一起获得支持，确保彼此在面临挑战、不确定性与悲痛时有着强力的生理脉搏与个人脉搏。我相信当你了解到孤独有很多不利因素，获得支持则有着巨大的好处时，你会有更多的思考和行动。

哈佛成人发展研究是迄今为止进行的历时最长的科学研究之一，对参与者进行了长达80年的跟踪（至今仍在继续），试图找出那些对幸福与健康有益的主要因素。从这项研究在这些年里收集到的无数数据中得出的主要结论是，人际关系在健康与幸福方面发挥着巨大的作用。该研究的现任负责人罗伯特·瓦尔丁格（Robert Waldinger），在其2015年TED演讲中说道："这项研究揭示的真相与财富、名望或者更加努力的工作无关。从这项75年的研究中，我们得到的最清楚的结论是：良好的人际关系会让我们更快乐、更健康，就是这样。"无数研究证实了丰富的人际关系的有益效果：它能够增强人体免疫系统，帮助人们更快地从疾病中恢复，缓解有害的压力与焦虑水平。正如哈佛成人发展研究所显示的那样，丰富的人际关系不仅在当下对你有益，还会长期影响你的个人脉搏，以及你对他人的影响。

也许与获得支持的长期有益结果有关的最深刻例子之一，是父亲曾亲切地多次和我分享的一个故事。父亲家族的生活极端贫困，作为农业季节工人，往往居无定所。有一段时间，父亲家族在加利福尼亚州的圣玛丽亚定居。他们生活在废弃军营里，没有自来水或者户内卫生间，紧靠当地垃圾场。

直到今天，我父亲最美好的记忆之一就是去看那个垃圾场。他开玩笑地说这是一个贫困者的"创新营地"。对于父亲以及他的兄弟姐妹来说，这是一个神奇、辉煌与极好的地方，他们在这里数小时地玩耍、创造与想象。第二年，在新学期开始的前一周，父亲在垃圾场发现了两只崭新的鞋子，而且刚好是他需要的尺寸。唯一的问题是：左侧鞋底的前部与鞋子的其他部位脱开了，这就导致走路时鞋底会笨重地猛然落下。作为一个富有创造力的孩子，父亲找到了解决方案，他将两个橡皮圈紧紧地缠绕在鞋子的前部。瞧！这就搞定了！

上学的第一天，校长西姆斯（Sims）先生在学校的体育馆举行了迎新大会。尽管对去一所新学校极其担心，父亲还是穿着"新鞋"昂首挺胸地走进学校。尽管不明白大会上讲的大部分内容，他还是努力学习他人的表现来寻求归属感。当其他学生笑的时候，他也跟着笑；其他学生安静的时候，他也安静。最后，迎新大会结束了，西姆斯先生指示所有学生，安静地按班级依次退场。我父亲的班级排成一列纵队，第一个退出体育馆。但是，当我父亲开始走出去时，不幸的事发生了：他鞋子上的橡皮圈啪的一声断了，发出了响亮的"砰"

第四章 获得支持

的声音，声音在体育馆地板上回荡。所有的学生都停下来，目光落在父亲身上。父亲的脸立刻变红了，他的心开始怦怦直跳。他自思："保持冷静，继续向前走。"但是，当他继续向前走时，每走一步，鞋底继续撞击着地板，发出清晰的"啪嗒、啪嗒、啪嗒"的声音。其他孩子开始指指点点，发出笑声。父亲一直低着头。他想："只要到门口就好了。"父亲全身上下尽显羞耻与窘迫，唯一能做的只有继续向前走。当他给我讲这个故事时，他一直说："女儿啊，这是爸爸这辈子走的最远的路。"

当他最后终于走到门口，西姆斯先生大步流星走到父亲面前。"弗朗西斯科，"他以强硬的语调说道，"你马上到我办公室去。我几分钟后就到，找你谈谈。"父亲坐在校长办公室外的椅子上，暗自想着："这下好了，事情变得更糟了，麻烦来了。妈妈会很不高兴的。我为什么必须在这里？我反正不属于这里。我天生不属于学校。"西姆斯先生出现了，他示意父亲到他的办公室。父亲站起来，浑身发抖，慢慢走进房间，坐在一张大的木制办公桌前。西姆斯先生直视着我父亲的眼睛，说道："我看到了那里发生的事情。我也看到孩子们在笑话你。对此，我很抱歉。我知道你的家人居住在城郊的营房里。我能想象，你对这里的生活感到紧张。我只想让你记住一件事。"他停了一会儿，站了起来，走到办公桌前，并将手放在我父亲的肩膀上。"你！属于！这里！"我父亲抬头看着他，震惊、宽慰与惊讶各种感觉交织在一起。

我父亲胸口如压着大石头，而就在这一刻，西姆斯先生将其移走。西姆斯先生重复说："弗朗西斯科，你属于这里。我很关心你的成功。你完全有权利在这里。"他当即开车带着我父亲去了一家鞋店，买了一双崭新的布朗小子牌鞋子。直到今天，当父亲提起这双鞋时，仍然会兴奋而热情地跳起来："它们很漂亮！我之前从来没穿过新鞋子。我对它们爱若珍宝。这双鞋对我来说太珍贵了。"从那时起，我父亲努力去学校上学，让西姆斯先生感到骄傲。一切发

你的职业脉搏稳定吗？

生了翻天覆地的变化，因为父亲知道有个人关心他，关心他的成功，而且希望他在校学习。西姆斯先生信守诺言，继续照顾我父亲和他的兄弟姐妹，支持、保护他们。

西姆斯先生永远改变了我父亲。实际上，正是因为西姆斯先生，我父亲为了获得教育硕士学位，在大学里做夜班门卫，并最终成为移民教育的地区管理人员。像西姆斯先生一样，我父亲特别留意他遇到的每一个孩子，让孩子们知道他们可以找他寻求支持。后来，我父亲和母亲开设课外品格教育强化班，教孩子社会正义、人际关系技巧及共同协作等类似内容。他们帮助了成千上万的生命，甚至因为自己的工作而收到了"加利福尼亚州公告"的表彰。所有这一切出现的重要原因是我父亲与西姆斯先生命中注定的邂逅，西姆斯先生让父亲感觉到了归属感和支持，无须为成为自己而道歉。

尽管我从未有机会遇到西姆斯先生，我也受到了他同情心的影响，于是我致力于扩大自己在支持他人方面的影响力。正如本书引言中所提到的，我最近的一份工作是为一家领导力发展公司建立与监督由超过1500名教练组成的全球网络。2018年，在费城举行的首届向上向好教练大会上[①]，我和他们围坐成一个大圈，分享西姆斯先生的故事，以及这如何影响我父亲、我本人以及其他数百人的生活，许多人感动地哭起来。在这宝贵而深刻的时刻，我们共享了我们的人性，因为无论我们来自世界的什么地方，我们都能理解那种对归属感与支持的渴望与需要。现在，这些世界各地的卓越的世界级领导力教练为他们所指导的每一个人提供支持，并提高其归属感——这就意味着有成千上万的人因此受益。我坚信，每一代人都必须通过个人脉搏练习获得支持的个人脉搏技能，保持人际关系这一核心能力的存在与强大。我们中的大多数人都知道，建立工

[①] 向上向好（BetterUp）为美国一家心理教练咨询平台。——编者注

作上的人际网络多么重要，而拥有稳定脉搏的人们会优先考虑以一种不同的战略方式，来实现社交的不断成长与发展。他们明白，认识和开发自己的天赋很重要，同样重要的是与更多的人分享这些天赋。他们知道，获得支持对于帮助者和被帮助者同样重要。最后，他们意识到人际关系是维持其个人脉搏及成果的主要因素。

单干的危险性

团队协作始于建立信任。建立信任的唯一方式是，克服我们对"自己不能受伤害"的需要。

——帕特里克·兰西奥尼（Patrick Lencioni）

科林（Colin）是一家中型律师事务所的合伙人，在电脑屏幕上对着我露出一个焦虑的笑之前，深深地叹了一口气。"我知道，吉门内斯博士，"他说道，"但是，我从小接受的教育就是要独立。如果我时常让他人知道这些事情很难，他们会认为我处理不好。我需要成为我们团队与同事的领导者，不能给人留下弱者的印象。这会让他们产生强烈反应。"四个月前，科林的爱人被诊断出癌症3期。作为两个孩子的父亲，他努力兼顾爱人、孩子及团队，以求实现平衡。他拥有独立性极强的灵魂，也是令人钦佩的领导者，他的队友与同事早已将他视为公司的基石。我担心他缺乏支持，对他的支持基本上来自他的岳母，以及他以前参加马拉松训练团队的两个熟人。在他生活中的许多其他人，甚至是他最亲密的、相处时间最久的同事，都只是隐隐约约地知道科林的爱人生病了，但是不知道这对科林生活的影响程度。为此，我怀着同情心向他

你的职业脉搏稳定吗？

提问。

"我知道。我知道你担心自己的团队。你想要保护自己的团队与同事，使其免受你经历的痛苦。这一点令人钦佩。你想为他们变得坚强，正如你在这段时间里为了自己的女儿而想要变得坚强一样。"

"是的，完全正确。我就是基石。如果基石毁了，所有人都会崩溃。"他的声音坚定有力。

"你很会照顾其他人，但是现在谁来照顾你呢？你一个人能让自己不崩溃吗？"随着这个问题的重要性被理解，我们静坐在一起。他急忙低头，脸上掠过一丝悲伤。他努力让自己平静下来，消除自己求助的欲望。我接着说："科林，请你假设一下，如果你的女儿处在和你一样的年龄，面临一样的困境。她就坐在你的对面，她告诉你的内容和你给我说的内容一样。你会给她说什么？假设她说这些话时，正和你坐在一起。"

他在回答之前，又停顿了很长时间。"我会说……很遗憾，这发生在你身上。我希望自己可以将其从你身上消除。如果我能办到，我会做的。我希望你能多告诉我一些你的真实情况。我因为不知道，所以感觉无能为力。和我一样，我确信你的同事也在担心你，他们想要提供帮助，但不想打扰你。你现在无须独自面对这一切，我能帮你挑起重担。你无须担心崩溃。"

我们坐在一起，以长时间的沉默来彼此交流，我给他和他的话都留有空间。

"科林，我对此表示感谢。我被你此时的脆弱性深深地打动了。我知道，这对你来说不容易。我对你的勇气表示感谢。谢谢你的信任。"然后，我进一步强调了他内心的真实想法："关于你现在承受的负担，你从来没有让其他人来承受这份孤独，对吧？"他摇头表示否定。我继续说："那么，我总结一下我理解的你想对女儿说的内容：如果事情变得严重，她可以让别人帮她暂时顶一阵。将事情分享给别人，并寻求帮助，这没问题。对吧？"

"对，是这样。我永远也不会让她独自承受孤独，"他说着，点了点头，表情也变得温和了，"那么，我认为自己如今这样期望是不合理的。我想要成为她的榜样。"

如果你在需要帮助时去寻求帮助，你是否担心自己看起来软弱无能或担心被拒绝呢？当你在努力时，你会陷入孤立吗？你担心提出的请求超出别人的能力？你不想麻烦别人，因为他们有自己的事情要做？对于科林来说，他的独立能力以及帮助别人的能力是明显优势，但是这种优势过于突出，阻止了他对别人的依赖。他不仅发现自己在努力时找不到支持，而且与他相识多年并且一直给予其支持的最亲密的同事（事实证明，同事们对他很担心），也没有机会帮助他。科林并非是唯一倾向于"万事不求人"的人。许多人习惯于将"需要他人"等同于"能力不足"。当你执迷于"单打独斗"，在需要帮助却拒绝寻求帮助时，你在剥夺那些想帮助你的人来帮助你的机会，同时也承担了所有的负担。

最终，当我们试图单独行动时，我们就是在把自己的人性拒之门外。"单打独斗"的观念告诉我们，寻求帮助、谈论脆弱性，或者承认自己孤单是可耻的；如果我们合作取得了伟大成就，这并非正当的成功，因为我们依靠了团队；需要他人是一项弱势，而不是一种我们和其他人可以彼此依赖的强大依存关系。这些危险信息还会促使我们过度关注自己，不惜一切代价争取第一，挣扎着默默忍受，并凭自己的能力提出新颖的解决方法。

这种过度自我鞭策的方式实际上会让你在面临失败或者挑战时，缺乏弹性，缺乏创新，而且更加孤独。当你试图单独行动时，你可能会错过关键的盲点，削弱你的实际潜力，并在此过程中让自己疲惫不堪。研究发现，自我关注与焦虑等消极情绪有着密切联系。而且，由于"单打独斗"的观念告诉我们，技术能力比社会情感能力更重要，这就会导致我们对人际活动及社交技能方面投入更少；再加上严重的自我关注，更会导致我们很难形成丰富的人际关系。最终，因为这种心态，我们无意中在自己和其他人之间挖掘出一条自食恶果的隔离壕沟。这正是单独行动的消极结果。

在当今的工作世界，工作场所的孤独感很高，对成就的重视超过对亲密关系的建设，可能对你的个人脉搏和工作表现不利。美国信诺集团（Cigna）对10441名成年人进行了线上调查，其《孤独与工作场所：2020年美国报告》（*Loneliness and the Workplace 2020 U.S. Report*）显示：

● 超过三分之一的员工表示，在工作时普遍会有空虚感或者与他人的疏离感。

● 39%的工作者感觉，在上班时需要隐藏真实的自我。

● 十分之一的在职美国人认为，他们从未通过当面交谈或者工作会议与人交流，61%的人每天同其他人当面交流的时间不足一个小时，最多两个小时。

我们将大部分时间花在工作上，在我们的整个人生中它占据绝大部分的清醒时间。工作中的人际关系是我们生活中必不可少的一部分。你与最为亲密的同事的日常互动，直接从根本上影响着你的感受。因此，如果发现自己在工作中缺乏可靠的人际关系与支持，你必然会感到孤独，在你不可避免地面临生活压力或者挑战时尤其突出。而这种影响造成的后果又是非常严重的。信诺集团的2020年报告发现，感到孤独的工作者请病假的次数，是不感到孤独的工作者请病假次数的两倍。孤独的工作者由于压力错过的工作日也要超出后者五倍。另外，与后者相比，那些感觉被分离与孤独的人的注意力更涣散，工作效率更低。不仅如此，他们考虑辞职的频率是不孤独的工作者的两倍多。

孤独与职业倦怠之间的关系是相互的。当我们感到疲惫不堪、愤世嫉俗、效率低下时，会增加被孤立的风险，因为这些感觉使我们更难接触其他人。这可能会导致孤独，而反过来，孤独会进一步降低你的恢复力，最终削弱你的个人脉搏。

为了维持长期成功，你需要获得支持。你或许能够在没有支持的情况下生存，但并不意味着这一方案对于持久成功同样是有效的、必要的或者有益的。正如海岸红杉生长出稳固的支持系统，从而得以深深扎根数个世纪一样，你也要重视你对人际联系的生理需要。正如坦桑尼亚的一句谚语所说："独行者速，众行者远。"

建立连接：获得支持的三个"B"

尽管获得支持看似就像找身边的其他人一样简单，但在当今世界，其实它更复杂，更有挑战性。寻找联系不像过去那样会自动融入我们的生活方式，我们不再是世世代代生活在同一个村庄，我们也不太可能加入扶轮社与公民俱乐部。由于技术带来的便利性，日常的小型交流互动（例如：去银行）变得少见。而且，当今这个即时沟通、永不离线的工作世界可以让你很容易地完全在电脑前独自工作，让你时常分心，更别提身心的疲惫了。这创造了一个环境，使得我们越来越难以照顾与培养所需的人际关系。

孤独并不针对特定的性格群体，例如内向者或外向者，孤独可以影响到每个人。没有人不会受到孤独的影响。但正是由于孤独影响着每个人，获得支持不存在"一成不变"的方法。与普遍的观点相反，孤独并不取决于一个人人际关系的多寡，而是取决于你知道自己获得多少支持。换句话说，感觉孤独与感觉单独是两码事。关于获得支持的另一个误解是，支持仅仅来自强连接的人，但是研究向我们显示，拥有弱连接和强连接社交网络的人，比那些只建立强连接的人感受到的孤独感更少。

当你更深入地挖掘获得支持对于持续成功的意义时，你会发现，获得支持是一种比你想象的更加微妙的做法。但是，花时间建立与微调你的支持系统是非常值得的。

越来越多的研究显示，社交支持与工作满意度、绩效和保持力之间存在着正向关系。研究证明，社交联系在培养工作场所的目标感和幸福感方面发挥着重要作用。研究还发现，来自领导者与合作者的支持可能会对工作者报告的工作满意度产生积极作用。在研究同事对员工感知、态度与绩效影响的大型汇总分析中，丹·基亚布鲁（Dan Chiaburu）与大卫·哈里森（David Harrison）发现，同事支持与工作绩效、工作投入及对组织的忠诚存在着正向关系。研究还发现，较高水平的社交支持与职业倦怠呈现显著的负向关系，与工作满意度和工作效率则呈现正向关系。另外，研究发现，较高水平社交支持的工作者不太可能离职或者旷工。

世界卫生组织将健康定义为"一种身体上、心理上和社会上的完满状态，而不仅是没有疾病或虚弱"。通常情况下，当我们想起健康时，我们关注的是身心健康，而不是社交健康。新的工作世界可能会给人际关系带来障碍，并促使我们将工作效率置于人际关系之上，但其实关注你的社交支持系统是保证持续成功以及强大个人脉搏的核心内容。拥有稳定脉搏的人可以通过精心培育社交网络结构，保障自己获得支持的社交结构，实现最大程度的社交健康。

技术或许加快了沟通的速度，但是无法消除我们对社交、利他主义与健康的人际关系的需要，这种需要是人之所以为人的关键因素。通过获得支持的三个"B"：归属感（Belonging）、广度（Breadth）与界限（Boundaries），你可以以一种有助于维持个人脉搏的个性方式，有意识而巧妙地获得支持。

归属感：以同情心做事

我们得到的让我们生存，我们给予的让我们生活。

——温斯顿·丘吉尔

我的父母给我取名杰西塔·玛丽亚·莱玛·吉门内斯（Jacinta Maria Lema Jimenez）。我的教名发音为"Jah-seen-tah"，而我的姓氏发音为"He-men-ez"，两个"J"分别有着不同的发音。对我来说，这是一个完美的名字，也概括了我是谁：一位非常认同自己拉丁血统的双种族女性。然而，在很长一段时间里，我认为自己的名字绝非一种祝福。随着我慢慢长大，我变得很难过，父母给我起的名字让我感觉与众不同，还会立即向我交往的任何人说明我是少数族裔。大多数情况下，我讨厌这个名字，因为当别人努力去念这个名字时，会感觉不舒服。除了我所生活的加利福尼亚州的圣克鲁兹社区，我交往的许多人，第一次尝试都无法说出我的名字。甚至我的姥姥也不会念我的名字，因此她决定叫我辛迪（Cindy），直到我11岁生日那天，我大发脾气并要求她叫我的真名。最终，我童年的昵称变成了辛塔（Cinta），发音更为简单了。

回顾过去，我感到非常羞愧；我已经不太记得我在当时那个年龄的感觉，但是我知道我感觉很不舒服。我很快开始意识到，当其他人听到我的名字立即感觉不舒服时，名字会成为我的负担与问题。我甚至碰到有人走近我说："Jah-seen-tah？你为什么要把名字美国化？你说西班牙语吗？"那时，我会向他们解释自己的教名为葡萄牙语发音，并再次向他们保证我的姓氏完全为墨西哥姓氏，使用"He"的发音。然后，我通常会用一个故事来解释，我父亲家族是如何成为农业季节工人的。这通常会让他们相信，我并不是想要"白人化"。我总是感觉，自己必须在很多方面证明我的姓名、种族与身份并不比别人差。

考虑到所有这些情况，被斯坦福大学录取为本科生令我兴奋不已，但同时也让我产生了极大的焦虑。我对自己即将融入的环境非常紧张。在这所世界知名学术机构里，我的背景与许多学生的背景大不相同。让我欣慰的是，在斯坦福大学的时光成为我最深刻的归属感体验之一。我在墨西哥裔美国学生活动中心（El Centro Chicano），尤其是在尤尼达斯俱乐部（Unidas Club）找到了社区归属感。尤尼达斯俱乐部由大学拉美裔群体组成，致力于相互支持与回馈社区。它不管我的名字有"Jah"的发音，不管我的西班牙语是否完美，或者我的家庭背景是否与众不同；它认为西班牙裔社区不是一个排它组织。我第一次感觉到无须证明自己是谁，或者要掩盖一部分自我来融入其中。就像西姆斯先生给父亲礼物时，父亲所描述的那种归属感一样，我也感觉好像胸口卸下了千斤巨石。由此释放出来的巨大精力与体力，全部投入到我的学术追求中，最终使我以优异成绩毕业，同时我因为学术卓越，获得了斯坦福大学墨西哥裔美国人/拉丁裔美国人高级奖项。这段经历打开了我的眼界，并让我铭记真正的归属感所能产生的巨大益处。

我在学术界、科技与商业领域的整个期间很少遇到过（如果有的话）像我这样的高管或教授。在一次我作为发言者的活动中，另一位发言者把我当成服务员，要求我"取一些水来"。一位试着努力发出杰西塔（我名字）音的领导者问我："过去那些好听的美国人名字跑哪去了？"我一直设法克服冒充者综合征。我常常感觉自己没有归属感。考虑到这一点，我的专业使命在很大程度上是要帮助机构培养归属感与包容性。在孤独成为一种流行病的时代，提供社区场所与建立归属感文化比以前更为重要了。

社交排斥是让人很痛苦的。我们的语言反映出了这一点（"他们伤害了我的感情"或者"他/她伤了我的心"）。我们所感受的痛苦不仅仅出现在情感层面；结果证明，人际排斥的感受与真实的身体疼痛，在大脑中有着共同的生物学基础。2003年，美国加州大学洛杉矶分校的两位神经学家娜奥米·艾森伯格（Naomi Eisenberger）与马特·利伯曼（Matt Lieberman）进行了一项实验，研究人们在感觉被排斥时大脑中被激活的区域。他们发现，包括前扣带皮质与脑岛在内的大脑区域网络会记录身体痛苦，也会追踪社交痛苦。继这一发现之后，艾森伯格与利伯曼进行了另一项研究，探究降低身体痛苦的一些相同因素是否也能减轻社交痛苦。结果显示，在感受到痛苦之后服用止痛药醋胺酚（泰勒诺）的人，比那些服用安慰剂药片的人每日感觉到的社交痛苦要少。这并不意味着，你每次感到孤独时都要服用泰勒诺；还有其他方式可以增强归属感来缓解孤独，我会马上在下文介绍。

我们大多数人都了解这些感受：被同事冷落；未被纳入"只有重要且必要的人员"参与的关键工作项目中；或者加入同事的谈话中，结果集体冷场。社交排斥可能来自感觉被忽视、被轻视、被排挤或者不被认可的任何情形。即使这些看起来像小事，社交排斥的影响可能对你个人或职业产生有害的影响。

排斥与自我挫败行为以及自我调节水平下降有关，可能实际上比欺凌对身心更有害。特尔弗管理学院（Telfer School of Management）组织行为与人力资源的副教授简·奥莱利（Jane O'Reilly）进行的研究表明，社交被排斥的员工的工作投入与工作满意度较低，生理痛苦（包括头痛、背痛与肌肉紧张）以及心理脱离增强。也许，这项研究结果最引人注目的方面在于，与骚扰或者欺凌相比，社交排斥与归属感及员工幸福感和工作相关态度呈现更强的负相关。

另一方面，归属感可能具有巨大的益处。我在向上向好的一些同行，包括伊凡·卡尔（Evan Carr）、安德鲁·里斯（Andrew Reece）、嘉比瑞拉·凯勒曼（Gabriella Kellerman），以及首席执行官亚历克西·罗比乔克斯（Alexi

141

Robichaux）进行了一项研究，调查归属感在工作场所的可衡量价值。他们调查了各行各业1789名全职美国工人。他们还对2000多名现场参与者进行了一系列实验，旨在衡量与观察社交排斥的影响。结果显示，高归属感能够促使工作绩效提高56%，离职风险降低50%，病假减少75%。该研究还发现，拥有较高工作场所归属感的员工，推荐他们的公司为理想工作场所的可能性要高出167%，升职率高出18倍，而且会获得双倍加薪。

考虑到这些研究结果，我们很快发现，拥有强烈的归属感可以大大降低发生职业倦怠的概率。当我们感受到真正的归属感时，我们的专注、自我调节与执行能力就会改善。同时，我们的情绪、免疫功能与整体幸福感也会提高。综合起来，这些东西组成了令人难以置信的逆境缓冲区，帮助你在面对阻碍时更具有弹性。而且，归属感降低了情绪劳动的身体负担。感觉被疏远且不被重视，还必须投入额外的精力在工作中面带微笑，这是可能导致职业倦怠的重要因素。当我们有归属感时，我们就从中解脱出来。

了解归属感的益处，不仅在于你如何从归属感中获益，还在于你如何建立对同事的归属感文化。你从给予中得到很多积极的东西，其中之一就是助人者的兴奋感。想想你上次出于同情为某个人做的事情——感觉很好，对吧？这是因为，当你做好事时，你的身体会释放出"感觉良好"的内啡肽，给你带来一种自然的兴奋感，以此来奖励与加强亲社会行为。不仅如此，你越慷慨，你获得的影响力与尊重就越多。没错，在工作中培养对他人的归属感可以产生效益。研究显示，利他主义行为实际上会提高你在团体内的地位——善良的人真的会排在第一位！

细微的排斥行为可能对个人脉搏有害，而细微的同情行为可能有助于增强你在工作场所的归属感。这是因为，我们的消极与积极情绪可能会像病毒一样具有传染性。我们目睹新型冠状病毒传播到全世界的速度，同时也观察到焦虑与同情等各种情绪在全球的蔓延。这种情绪从一个人到另一个人的传播，正是心理学家所称的"情绪传染"。具体来说，你的大脑中有一个相互连接的细胞网络，组成了"镜像神经元系统"（MNS），此系统观察其他人的身体语言、面部表情，甚至是音调。镜像神经元系统激活你大脑的反映他人行为的部分。研究显示，这一般会发生在我们潜意识层面。例如，一项研究让参与者观看各种面部表情的图像，每次仅仅30毫秒（速度太快，以至于你没有时间有意识地识别这些图像）。这项研究发现，参与者呈现肌肉电活性增强的迹象，参与者需要这些肌肉来模仿他们所看到的面部表情。另一个很好的例子是，研究发现，当参与者听到发言者以愉快或悲伤的语气发表情绪中立的演讲时，发言者的任何情绪都会在参与者中间"传播"。

了解情绪传染如何发挥作用，不但能够提高你对其负面传播的认识，还能让你利用积极情绪传染，作为提高工作场所归属感的强大工具。研究还显示，只需要一个团队成员就可以利用积极情绪来"感染"团队的其他成员。沃顿商学院教授西格尔·巴萨德（Sigal Barsade）研究情绪传染以及对团体行为的影响。他在2002年发布的研究显示，积极情绪传染团队成员能够增强积极情绪，改善合作，减少人际冲突，甚至做出更公平的决策。

拥有稳定脉搏的人明白，利用情绪传染，他们就有能力通过以同情心做事来传播归属感。换句话说，他们认识到同情心是可以传染的。为什么是同情心？同情心是一种情绪反应，包含一种为了帮助他人而行事的欲望。与同理心一样，同情心包括对另一个人的感受与理解；然而，同情心通过行动超越了同理心。从本质上讲，同情心是行动中的同理心。一种说法认为，同情心有三个要素（图4-1）。第一是思考要素（"我理解你"），第二是情感要素（"我同情你"），第三是动机要素（"我想帮助你"）。当以同情行动（关心同事，关注同事，有意识地接纳同事）做出回应时，你就是在创造归属感的条件。

```
┌─────────────────────────────────────┐
│          同情心的三大要素              │
│                                     │
│   ①  思考要素  →  "我理解你。"        │
│                                     │
│   ②  情感要素  →  "我同情你。"        │
│                                     │
│   ③  动机要素  →  "我想帮助你。"      │
└─────────────────────────────────────┘
```

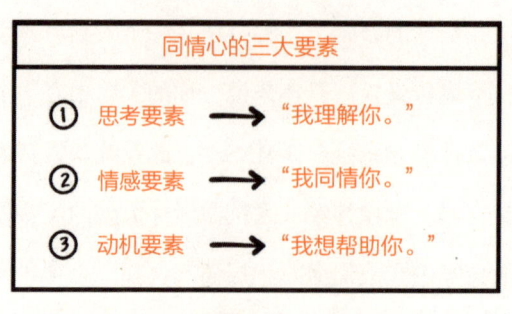

图4-1

同情心创造联系，让我们远离自我关注，提高协作，最终增强信任。研究表明，在充满同情心的公司，员工的压力会下降，而工作满意度会提高。

科林决定向最亲密的同事倾诉自己面对爱人身患癌症的不知所措感，而他的同事以同情心做出回应。最终，他们自愿为科林的家人做饭。每周，他们中的一个人会带着准备好的冷藏的饭菜出现在办公室。结果，科林与所有同事的关系变得更为密切，彼此获得支持。科林的人性并没有被拒之工作场所之外，而是被邀请到了工作场所里，并被同事们以同情心予以认可和回应。

我梦想着有这样一个世界，在这里，平凡的人在工作环境中每天都在促成诸如此类归属感的神奇时刻。在孤独成为流行病，而差异很可能让我们彼此分隔与分离的时代，我们迫切需要更多的归属感。这不仅仅在于随时行善，更在于有意努力通过慈悲行为来增强联系。最重要的是，通过这样做，你也会为自己创造更多的归属感。以罗伯特·肯尼迪（Robert Kennedy）的话来说："每次有人为理想而奋起，或是为了提高他人的地位而行动，或是抨击不公，他都发出了一丝微弱的代表希望的光芒，从百万个不同的角落里聚集起彼此的能量和胆量，这些微弱的光芒汇成一股涌流，它能够冲垮最强大的压制和阻力的围墙。"通过为我的父亲买布朗小子牌鞋子的同情行为，西姆斯先生形成了一丝同情的涟漪，而这一丝同情的涟漪一直扩散，不仅仅对我父亲产生了影响，也对我影响深远。你也可以这样做。

如何建立同情心

如果想要从归属感中获益，你要成为归属感的捍卫者，并提高自己的同情能力。研究显示，学习同情不仅能够让你变得更加富有同情心，而且实际上能让你的思维与行为方式产生持久的变化。学习同情的益处多多，可以减少应激激素与炎症，增强同理心与恢复力。它还能够持久提高你的幸福感与自尊心，并为你在感知社会联系方面带来更多收获。

进行慈悲冥想练习，是提高同情能力的一种方法。慈悲冥想通常需要重复念某个表达关怀情感与意图的短语。其中人们研究最多的一种慈悲冥想为"仁爱冥想法"。这种冥想侧重于培养对他人的友善、仁慈与舒适感。美国斯坦福大学的慈悲心与利他主义研究教育中心的科学主任艾玛·塞帕拉（Emma Seppälä）和她的同事森德里·哈奇森（Cendri Hutcherson）研究了仁爱冥想法对幸福感和大脑的影响，结果表明，仁爱冥想法在不到10分钟的时间里，对幸福感和联系感的提升作用"超过其他积极情绪"，即使初学冥想者也不例外。你应该多久练习一次呢？美国北卡罗来纳大学教堂山分校（University of North Carolina at Chapel Hiu）的心理学专家芭芭拉·弗雷德里克森（Barbara Fredrickson）进行的研究表明，每周持续地练习仁爱冥想法，能够增加每日的积极情绪体验，这反过来又会增强专注力与社交支持度。你可以在网上找到塞帕拉与弗雷德里克森制作的仁爱冥想法录音。

理想的情况是，如有可能，抽出一点时间（即使是在工作中抽出5分钟闲暇也可以），在每天的同一时间不断地练习冥想。如果你无法收听录音，以下是"微仁爱冥想法"的步骤：

1.选择舒适的地方，尽量减少分心。

2.闭上眼睛,深呼吸三次,然后重复下面的话:愿我幸福,愿我安全,愿我健康,愿我活得轻松自在。

3.现在,想想你爱的人,或者你每天花时间在一起的人。脑海中想着这些人,在完全觉察的情况下,默默对自己重复几次以下的话:愿你们幸福,愿你们安全,愿你健康,愿你们活得轻松自在。

4.重复完这些话之后,以这句话结束练习(仍然脑海中想着这些人):愿我们幸福,愿我们安全,愿我们健康,愿我们活得轻松自在。

练习同情的另一种方法是执行与练习"关爱"行为:坦诚对话,了解同事的需要,尊敬合作者的差异,同情性理解,然后采取行动。

我建议你每周有意识地努力寻找机会,为工作场所的其他人创造归属感。为了做到这一点,你可以采取以下三个步骤:

1.努力了解此人可能正在经历的独特挑战(我理解你)。

2.设身处地为对方着想(我同情你)。

3.考虑各种方式,以行动来帮助人(我想帮助你)。

以下是在工作场所中通过同情行动来促成归属感的一些实际例子:

- 你注意到同事看起来很紧张,因此去找他了解情况,看他是否想聊聊天,或者你是否能以某种方式提供帮助。

- 一位队友告诉你,他或他们正试图解决一直困扰他们的项目障碍,因此你提供帮助,为其献计献策。

- 你观察到有人在会议上比平时安静,因此去找他了解情况。

- 你注意到同事对即将到来的演讲感到紧张。你会问他你是否可以帮到什么忙,例如先倾听这位同事演讲,并提供反馈。

- 你觉察到队友在会议上没有得到和其他人一样长的发言时间。你为他提供了参与对话的空间。

广度：社交网络多样化

我相信你需要各种不同观点，来发现其他人错过的机会。

——雷德·霍夫曼（Reid Hoffman）

花一点时间，回想一下与你相处时间最长的人。他们在年龄、种族、社会经济地位、文化、教育水平、政见、体能、行业与生活方式方面与你有多接近？如果你的社交网络没有足够的广度，你并非特例。你从本书第二章已经知道，避免不确定性是人类本性。因此，我们偏爱熟悉的人，而且身边都是那些与我们有着相同利益、观点与生活经历的人。这被称为"相似性偏见"——喜欢那些与我们在某些方面类似的其他人的倾向。实际上，2018年的一项研究发现，21%的美国人表示"从未或者很少"与不同种族或者人种的人互相来往。不到一半（46%）的受访者表示，他们通过交友与不同背景的人往来。

新的工作世界为我们带来了过度连接与全球化，这需要跨文化认知，以及在各种不同的环境、维度与人群中有效运作的能力，这样才能接受新的观点与信息，具备适应性与灵活性，认识到新的变化、进步与观点。当你的周围都是拥有广博视角和经验的人时，积极的一面很快就会显现出来。多样化、扩展性的社交网络，会让你接触到更多的机会与更多的人。你的社交网络越是多元化，你接触到新观点与思维的可能性就越大。出于同样的原因，你社交网络中人的类型越多，其他人改变你观点的可能性就越大。你还更有可能通过朋友认识新的朋友，和那些从未接触过的人建立联系。或许最重要的是，与其他跟你不同的人交往，自然会增强你的适应性与认知灵活性（同时思考两种不同观念或在多个观念之间切换的能力）。而且，并不意外，拥有较高适应性与认知灵活性的人，往往更具有弹性，不太可能感受到职业倦怠——正如歌手安妮·迪弗兰科（Ani Difranco）所说的那样："刚极易折。"

尽管与和自己不同的人建立联系可能会带来不适感，但是如果你的周围都是与你一样的人，就可能导致僵化和停滞，因为从众和群体思维可能会占据主导地位。心理学家詹尼斯·欧文（Janis Irving）提出的"群体思维"，指为了达成共识而不惜压制异议、抑制其他备选方案的心理驱动力。当然，群体思维也有它的优势：每个人都感觉很舒服，不存在人际紧张的风险，而且简单易行。令人遗憾的是，群体思维还会抑制创造力和创新所需的人际条件，挤压你接纳各种观点的空间。如果你和有同样想法的人在一起，你们最终会更加相似。考虑到新的工作世界越来越复杂，你需要不断重新评估你的技能，展示你的思维，并提高你的适应性。和与你不同的人在一起，会促使你走出舒适区，在收集宝贵的知识、观点与技能的同时，考虑不同的观点。

除增加认知灵活性与适应性之外，拥有各种类型的人有助于避免落入臭名昭著的"专家陷阱"。美国达特茅斯学院塔克商学院（Tuck School of Business at Dartmouth College）教授西德尼·芬克尔斯坦（Sydney Finkelstein）发现，专业技能会让你对自己解决不同方面问题的能力过于自信，实际上会妨碍你的表现，还会减少你对自己领域新发展的好奇心。而打破社交网络的同质性，能够帮助你更加觉察到自己的潜在偏见，或者根深蒂固的思维方式。这些偏见与思维方式会阻止你识别关键信息，如果不加以控制，会导致你在决策过程中犯错，最终导致停滞。研究发现，具有各种背景与世界观的员工，会让工作场所更具创新性与赢利能力。

在你尝试与多样化的人建立深度联系之前，重要的是你要认识到，社交网络的广度也包括建立关系层次的多变性。虽然与和你有着密切关系的人建立强关系很重要，但也不要低估弱关系的价值。弱关系指的是相识的人，例如：当地咖啡店里知道你名字的亲切的咖啡师；经常在遛狗公园看见的其他狗主人；自上次聚会后，你再也没见过面的只有脸谱账号的高中好友；或者通常上午8点给你上瑜伽课的瑜伽师。尽管人们很容易地认为，这些类型的低水平相互交往无法提供价值，但社会学家、斯坦福大学教授马克·格兰诺维特（Mark Granovetter）却发现，这些相互交往不仅能影响你的工作前景，还可以增强你对社区的归属感，对你的幸福感产生积极作用。与他人的弱关系可以作为通向某个新领域的桥梁，在这个领域内，你可能无法接触到你的弱关系所能接触到的那些人与信息。最后，就建立社交网络而言，拥有稳定脉搏的人通过建立强关系与弱关系，实现自己社交网络的多样化。通过努力，他们能够建立各种层级的社交网络，最终创造出复合优势，建立稳定的个人脉搏并维持成功。

你会惊讶于从个人与工作社交网络中得到的思维模式对自己的影响。你身边的人会影响你作为个体的思考、行为、回应与表现方式。要觉察到你所建立的网络，并有意识地保持其多样性，需要你进入自己的延伸区。在这种情况下，你的努力会促进你的成长，因为你将面临的挑战是反思自我，学习其他人，拓宽视野与经验，以及更新世界观。

如何拓展社交网络广度

拓展社交网络广度的第一步是绘制你的支持圈。你可以在图4-2看到，你的支持圈从强到弱由各种不同层次的关系组成。第1圈代表与你关系最密切的人，这些人是你最信任与最依赖的人。第2圈的组成人员不在你的核心圈，但与你一起经历过欢乐与痛苦时光。第3圈的组成人员会和你进行正常的社交互动，但不一定是你的知己。第4圈由相识的人组成，这些人可能是你的瑜伽导师、医生、理发师，或者你孩子所在幼儿园的其他家长。

从核心圈开始，记下你生活中打交道的各类人的名字与简介。随时记下那些你也参与其中的机构，例如：教堂、体育联盟或者社会利益集团。

完成你的支持圈图后，第二步开始了。花点时间仔细检查你的支持圈。具体地说，列出你社交网络的多样化程度。问问你自己：

你的职业脉搏稳定吗？

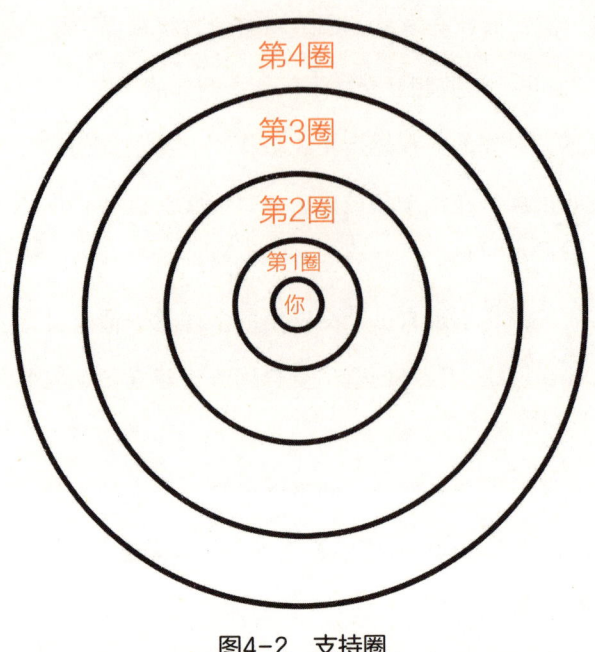

```
      第4圈
     第3圈
    第2圈
   第1圈
    你
```

图4-2　支持圈

- 在我的社交网络中，最缺少的多样化类型是什么？是年龄、原籍国、体能/残疾、政见、宗教、工作行业、种族、教育水平，还是别的什么？
- 在第1圈与第2圈中，有与我不同的人吗？

重点关注你在当前社交网络中可以找到的差距，开始第三步。在你希望建立更密切关系的任何人旁边，写一个加号（+）。现在，你已经绘制出了所有关系，最后一步是头脑风暴寻找方法，缩小你与记上"加号"的人之间的距离，拓展你支持圈的广度。务必记下你的所有想法。

最后一步要求你将自己的想法按照从最简单到最困难的顺序进行排序。首先从难度最小的一项开始；然后利用行为节奏工具箱，开始将这些想法付诸实践。表4-1就是一个示例。

拓展社交网络广度的其他注意事项：

- **实行社交网络振荡。** 学者罗纳德·伯特（Ronald Burt）与詹妮弗·梅

表4-1 拓展社交网络广度的头脑风暴工作表

观点	难度	等级
加入以个人利益或者业余爱好为基础的社区团体,这可能会让我联系到不同行业里的其他人。	6/10	6
与第4圈的雷切尔(Rachel)交往,问她是否愿意有空一起喝杯咖啡。	3/10	3
参加某个领域的会议,此领域与我的行业有重叠,但并不直接属于我的行业。	4/10	4
参加我行业之外的讲座或者聚会活动。	5/10	5
开始更多地联系第3圈的安妮莎(Anisha)与塔尔·李(Tal Lee)。	2/10	2
改变我的行为模式。去不同的咖啡店、遛狗公园或者健身班,以接触新的社交圈。	1/10	1

鲁兹(Jennifer Merluzzi)研究了为什么一些人比其他人在社交网络方面更为成功,结果发现最成功的人会随着时间的推移不断地建立与退出强关系与弱关系网络。他们将这种模式称为"社交网络振荡"。他们的观点是,花时间与一群人深入接触能使你获得专门信息。然后,跳出来与第1圈与第2圈之外的人建立新联系,就可以接触到更广范围的观点,使你保住对外界的关注。最后,将这些观点带到你的强关系团队,你可以继续增加价值和新的学习机会。

● **建立个人顾问团。**尽管在职业生涯中,你可能多次被告知你需要一位导师,我却不以为然。在新的工作世界里,你需要的不只是一位导师,你需要一组不同的思想伙伴。正如基普乔格有一群人来帮助他完成自己的破纪录马拉松长跑,你也应该考虑寻找多个导师。组建一个非正式的、有不同经历的顾问团,最终会让你获得更全面的指导。研究显示,董事会越是多元化的公司业绩越好。同样地,拥有更加多元化的个人顾问团,会帮助你在生活与职业方面保持脉搏稳定。对于个人顾问团,你无须拘泥于形式。你只须找到四个人,他们

你的职业脉搏稳定吗？

能够根据自己的技能与背景提供自己的见解，然后设定时间，每季度与他们中的每一位会面。

● **打破你的社交习惯。**如果你绘制一天或一周的行为图，记录去过的地方，和谁在一起，做了什么事情，你很快就会意识到，你往往只局限于自己的日常生活习惯。这能够提供确定性与有效性，却无助于结识新朋友或者获得新体验。通过改变你的日常生活习惯（去不同的街道吃午饭，或者在不同的咖啡馆喝咖啡），你就在创造更多机会遇到各种各样的人，并进行各种互相交流。

界限：制定基于价值观的界限规则

给人水时，不要从水井深处取水，而是从活水中取水。

——鲁米（Rumi）

学员约翰对我说："有时我只想对每个人说：别！管！我！我累死了，我只需要时间集中精力。"他看起来很累。他灰色的眼睛尽显疲惫，布满深红血丝，有明显的黑眼圈，眼睑肿胀。我们正在讨论约翰试图理解的另一种关系。之前，他曾不止一次告诉我关于人际关系变化的故事：他喜欢帮助他人。他喜欢这样，感觉很好。但是随着时间推移，他变得很疲惫，最终愤恨不已。

我关切与同情地看着他，说道："我能看出来，你很疲惫，约翰。很抱歉，你又来到这里。你觉得我会对你说什么呢？"

他会意地笑了。"你很可能会指出，我以前也是这样子。"他停顿了片刻，低头思考，"然后，你会让我检查自己如何再次处于我说过要避免的人际关系状态。"

"你的觉知已经增强了，"我说，"你可以选择与他人交往。"

约翰的情况会引起你的共鸣吗？你是否发现给予是有回报的，但是随着时间的推移，你注意到自己被疲惫和怨恨的情绪所吞噬，而直到它发生才意识到这一点？心怀善意的人很容易陷入这样的陷阱，即想成为每个人的一切。我明白了。我们中没有人希望被别人认为难相处，或者被贴上"挑剔"或"自私"的标签。当我们让别人失望时，我们也许不会想着处理自己的感受。我们可能从小就已经知道，我们的作用是让别人快乐，我们可能喜欢从帮助别人中获得的表扬。我们还可能认为，关心他人意味着自我奉献，而不考虑我们自己的需要。

经常，当我们听到"界限"这个词语时，我们想起保持分离。然而，界限并非那么黑白分明。相反地，界限通过一组规则发挥作用，推进人际关系。这些规则最终使我们能够驾驭生活与职业社交关系，实现健康与满意的人际联系。拥有健康界限的人在想要说"不"时会说"不"，也乐于接受密切的人际关系，乐于给予。

界限是一个连续体。在这个连续体的最左侧为"严格界限"。这时，你需要设置严格的、不能改变的规则。在连续体的中间为"清晰界限"。这时，你需要设置确定的，但仍然有一定弹性的规则。最后，在连续体的最右侧是"模糊界限"。这时，你无须设置一组明确的规则。图4-3说明了这一连续体。

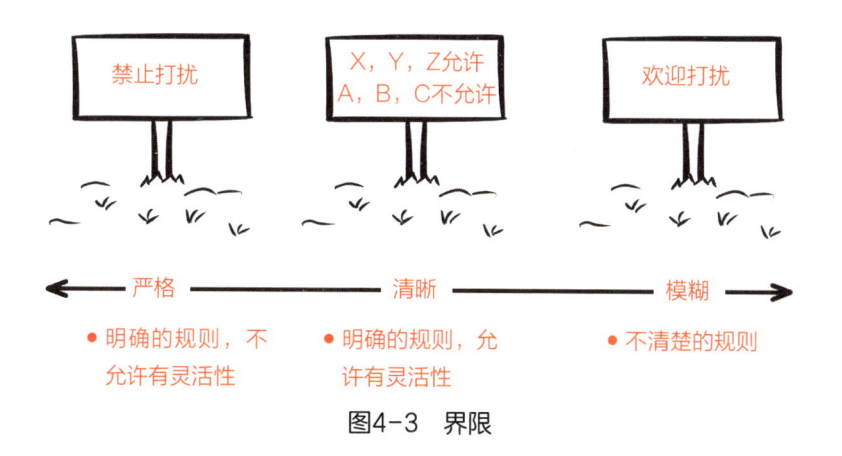

图4-3 界限

- 明确的规则，不允许有灵活性
- 明确的规则，允许有灵活性
- 不清楚的规则

你的职业脉搏稳定吗?

维持稳定个人脉搏的关键是创建健康的界限,因为它能够让你对重要的事情说"是"。这关乎着以符合你价值观的方式行动、给予与接受。通过有意地设置与实施限制,你能在建立健康的人际关系动态的同时,保持自尊。所有这些都是为了确保你涉及的人际关系可以为你带来重要支持。

在谈及人际关系时,尽管我们在逻辑上知道"从空杯子里是倒不出水的"及"戴好自己的氧气罩之后再去帮别人"等类似谚语,许多人却没有有意地将这些想法付诸实践。如果你不花时间建立并深思熟虑地强调自己的界限,你几乎没办法阻止他人违反这些界限。以你在投资、消费与保护方面花费的时间与精力为例,这很可能是大量投入,对吧?如果有人问你的ATM密码,那感觉就像是直接侵犯了界限,对吧?但是,你是否付出了同样的努力,来明确定义自己与工作相关的界限?表4-2列出了工作环境中要考虑的其他类型的界限。当你读完这个表时,我建议你不妨思考一下自己对这三个方面界限的了解程度。

表4-2

时间界限	实例
迟到 人们可以随时联系你 人们随时随地讨要你的恩惠 人们把你当成免费劳动力	• 要求:向你讨教/想听听你的意见/在网络上约见。 • 经常求助于你帮忙救急的队友。 • 经常在最后一刻取消与你约会的人。 • 开会迟到并延时的同事。 • 在一天中连续地随意给你打电话的客户。
情绪界限	实例
他人找你倾诉 他人找你发泄 要你照顾他人的情绪问题	• 经常把你拉到一边发泄或者抱怨的同事。 • 感觉需要为他人的感受负责。 • 让别人的感受支配你自己。
智力界限	实例
有关思维方面 有关观点方面	• 再三否定或轻视他人想法的同事。 • 理解你想法的队友。 • 要求在即将到来的讲话中使用你新观点的同事。

如果你注意到，自己对每组界限都没有十分明确的指导规则，你并不孤单。我们中的大多数人一般都知道自己想做什么，不想做什么，但是很少有人为自己制定明确的规则。问题在于，缺乏明确的界限会让你在突然被提出要求时容易措手不及。实际上，研究表明，在工作场合，很大一部分帮助（75%~90%）是回应特定要求。

美国佛罗里达大学沃灵顿工商管理学院管理系副教授克罗蒂安娜·拉娜（Klodiana Lanaj）研究了对求助信息的回应方式是如何影响帮助者的。在连续三个工作周内，克罗蒂安娜·拉娜和她的同事每天用日记从员工那里收集关于员工助人行为的数据。研究发现，对同事的求助做出更多回应的人，精力消耗较多，注意力下降，情绪管理更困难。更令人震惊的是，那些在一天之内多次帮助别人的人，会留下各种"助人后遗症"，第二天早上仍然精疲力竭（即使他们在晚上得到了休息）。

在获得支持的第一个"B"即归属感中，我谈到了为了人际联系与助人进行同情行动的重要性。现在，在第三个"B"中，我突然开始谈论界限。这两种建议看起来似乎相互矛盾，但根本上却不矛盾。这是因为，设立界限实际上有助于获得健康的支持，并通过同情建立人际联系。助人在机构内创造更多归属感的同时，还会使我们的工作与生活更有意义，但也会让人面临职业倦怠的风险。

当你像约翰那样不加区分地帮助他人时，你的努力会导致怨恨、负担过重与疲劳的情绪。研究还发现，当你在没有保护自己的情况下提供帮助时，你很可能达不成自己的工作目标，而且在家里也面临更多的冲突与压力。换句话说，如果没有设定界限，你会在无意中失去活力。

想要友善并实施同情行动，并不意味着在别人向你请求帮助时，你必须立即放下手头一切事。记住，以同情心做事并不等同于无私。研究发现，在维持帮助行为的同时，还能够提供最多支持而且最积极主动的人，是那些能够保护自己时间的人，这样他们也能够为自己付出。这就是我所说的"有界限的帮助"（与"无界限的帮助"相对应）。拥有稳定脉搏的人，了解自己的界限，能够维持他们的慷慨行为。通过基于价值观的界限，他们确定自己助人的时间、对象与方式，最终能长期投入精力采取同情行动，如图4-4所示。

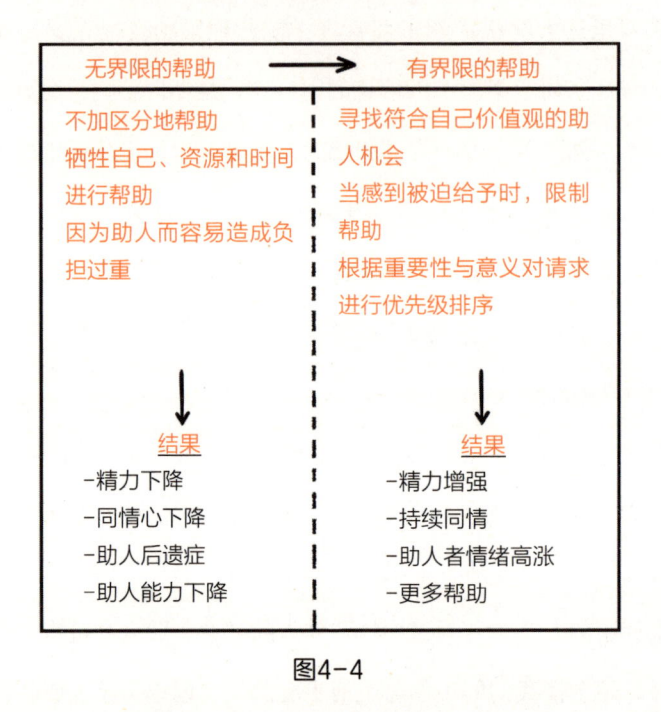

无界限的帮助 →	有界限的帮助
不加区分地帮助 牺牲自己、资源和时间进行帮助 因为助人而容易造成负担过重	寻找符合自己价值观的助人机会 当感到被迫给予时，限制帮助 根据重要性与意义对请求进行优先级排序
↓	↓
结果 -精力下降 -同情心下降 -助人后遗症 -助人能力下降	结果 -精力增强 -持续同情 -助人者情绪高涨 -更多帮助

图4-4

组织心理学家、畅销书《舍得》（*Give and Take*）作者亚当·格兰特（Adam Grant），对给予者做哪些事情可以维持其效率与活力进行了广泛研究。他的工作进一步强化了这种观念，即你如何处理给予很重要。具体来说，亚当·格兰特与同事区分了两类给予者："无私"的给予者（无界限的帮助）与"自我保护性"的给予者（有界限的帮助）。

正如你可能已经预料到的，格兰特的研究发现，那些无私且从不说"不"的给予者会被利用，而最终疲于奉献。正如格兰特和沃顿人力分析项目的高级研究员雷布·雷贝利（Reb Rebele）在《哈佛商业评论》文章中所描述的那样："那些一贯表现得乐于助人且善于助人的员工，得到的'回报'是大量的请求，并往往发现自己被各种会议与电子邮件所淹没。结果是，他们面临着职业倦怠或者被削弱的风险，同时因为无法获得需要的帮助而感到沮丧，而其他能够出一份力的员工反而置身事外。"另一方面，花时间挖掘自己兴趣与技能的给予者在给予时，感觉压力会小一点。设置清晰的界限相关规则，能够帮助你做到这一点。

在一天中，你的同事会有意或者无意地侵入你的界限。新的工作世界伴随着人际联系的增加，你必然会发现自己要面对许多潜在的求助。利用有界限的帮助方式，你会有意地选择你想要帮助的人、帮助方式与帮助时间。这种方法能够使你挖掘自己的内在动机，最终使你更加有活力。而且，通过设定界限，你不但能够让同事了解你的优先事项，还能够帮助他们了解你如何有效地互相支持。

如何建立工作界限

在我们深入探讨如何设定界限之前，我想要强调的是，大多数人在不同环境中有着不同的界限类型。而且，在谈及界限时，每种文化都有着不同的标准与期望。这是为了说明，正如本书中描述的每种个人脉搏技能一样，你的界限需要根据你的背景、经历、信仰与工作环境进行个性化设置。在实施下列步骤时，请将这记在心里。

制定工作界限的第一步是考虑自己的价值观。你的价值观代表着自己最重要的优先事项，以及最深的驱动力。用价值观确定你的工作与工作之外的界限，能够使你对自己保持忠诚并防止职业倦怠，同时还能够让你融合与你交往的其他人的价值观。考虑表4-3中列出的价值观（或者表中未包含而你关心的其他价值观），确定在工作中最与你有关的十项价值观。考虑以下问题，来指导你做出选择：激励我的人是谁，他们有哪些品质？最让我感到满足的是什么？让我心烦或者不舒服的是什么？其他人为了真正了解我，需要了解我什么信息？

表4-3

成就	果断	野心	美丽
协作	交流	社区	同情
能力	创造力	决断	效率
卓越	专注	家庭	真诚
慷慨	诚实	谦逊	作用
影响	灵感	好学	忠诚
表现	效能	品质	认可
尊重	风险承担	安全	自尊心
自我表达	服务	稳定性	成功
安宁	信任	真实	健康
智慧	财富	好奇心	全心全意

在第二步，你需要将你的价值观缩减至五种。为了帮助你做到这一点，你可以将具有类似含义的那些词语放在一组，然后选择最能代表整组词语的价值观。将它们写在表4-4：

表4-4

1.	2.	3.	4.	5.

现在你已经确定了前五种价值观，在第三步，你要通过下列工作表，利用这些词语来明确你的规则。在第一栏，写下你的每种价值观。在第二栏，根据这种价值观，写下你需要的事物。在第三栏，写出在这种需求下你不会做的

事。在第四栏，写下为了满足这种需要你会做的事。表4-5是填好的基于价值观的界限表示例。

表4-5 基于价值观的界限规则表

你的价值观	相应需要	界限规则：我不会做的事	界限规则：我会做的事
专注	在日程表中，我需要不中断的大段时间。	在我专注时，我无法参加会议、接电话或聊天。	我会对中断或者影响时间的请求说"不"。 我会与自己的团队沟通，告知什么时候属于我的日程表上大段专注时间。
同情	我需要找到方法，帮助并联系那些不会让我精疲力竭的人。	除了我专门留出的助人时间之外，我不会为其他时间的请求提供帮助。 我不会为那些需要花费大量时间，或者与我的价值观、兴趣或实力不符的事情提供帮助。	在每周日程表中规定的助人时间里，我会通过同情行动专门帮助他人。 在自己的助人时间之外，对于求助，我会告知，我将在自己专门的助人时间帮助他们。
家庭	我需要有一段时间全身心投入家庭。	除非十分关键，我不会在周末处理工作电话或者邮件。	我会要求同事在某个时间点之后，我在家时不要给我打电话询问与工作有关的事情。
稳定性	我需要停止在一天中随时回应他人要求，因为这最终会让我无力处理自己的事。	对于向我提出的任何请求，我不会自动地说"是"。	遇到求助时，在做出回应之前，我会暂停并评估请求者以及我需要做什么，何时完成。 如果我需要考虑是否能够答应这个请求，我会在答应之前说我需要时间考虑一下。
自尊心	我需要确保自己的时间与精力得到尊重。	对于让我感觉"被迫"的求助，我不会说"是"。	如果约定见面时对方迟到超过十分钟，我将取消会面并告知这个人取消的原因。

通过这项练习，我们得到一组清晰的基于价值观的界限规则。当然，你可以根据自己需要，测试、调整、添加或者减去规则。这些规则并不意味着一定要严格死板。相反，你要将这些规则视为行动的参照点，在不同环境中可以灵活调整。我强烈建议你将最终规则表打印出来，放在办公桌旁，这样你可以在需要时轻松查阅。和任何新事物一样，你需要尝试这些新的行为，然后确定出适合自己的内容，以及需要进行更多调整的内容。

在开始执行新建立的基于价值观的工作界限之前，我想给你一些提示，告诉你有效的界限沟通技巧。如果在过去没有设定过清晰的界限，你的新行为可能让别人措手不及。

第一，你无须一次性设定所有界限。正如你在第一章中所了解的，你可以一点一点地设定界限，一次谈话一次谈话地推进。在此过程中，记录那些能够起作用的界限，积累心得，然后相应地调整下一步。

第二，当你与人沟通自己的界限时，重要的是以一种平静、清晰而且具体的方法来进行谈话。不要感觉谈话中你必须全程强调你的"不"；相反，你可以倾听对方的需要与担心，并在适当的时候提供解决方案与备选方案。

第三，提前做好计划。在开始讨论之前，考虑你想要表达的内容及表达方式。这能够帮助你对自己的见解更加自信。

界限设定的其他注意事项：

- 记住界限是双向的。尽量尊敬与他人的界限。而且，一定要感谢那些尊敬你的请求、开始遵守你界限的那些人。

- 一定要心存感激。如果有人挺身而出来帮助你，一定要表达感谢之情，告知他/她的努力如何帮助了你。这有益于补充助人者的能量。考虑到我们在工作场合比在其他场合更少表达感谢，这一点尤其如此。

- 记住，你的界限最初可能会让其他人措手不及。请牢记，在你开始设置清晰界限时，那些习惯你模糊界限的其他人也许不会立即严格遵守。

- 将助人时间固定化。不要时时处处帮忙，考虑将你的助人时间分割成专门助人的时间段，或者某些特定的日子。

- 答应请求前先三思。当别人向你请求帮助时，不要直接去寻找解决方案。退后一步，首先评估请求。收集信息，确定请求的范围、紧迫性与相关性。

- 了解你为何助人。研究发现，当你因为相信自己帮助的重要性和/或你关心要帮助的人而提供帮助时，你更可能最终感到精力充沛。相反，出于义务的给予与精力下降和更高程度的职业倦怠密切相关。

- 战略性地给予。以符合你的兴趣与实力的方式给予，以保持精力并提供更高价值。

将获得支持的三个"B"结合起来

为了最大化获得支持练习的效果，我建议召集几个可靠伙伴。建立归属感、广度与界限的最佳方式是和一个小型团队一起完成，你可以依靠此团队获取灵感、人际联系及新的观点。培养人际技能需要借助于其他人。我不会建议你在没有支持的情况下建立自己的支持技能。

如有可能，我建议你找一两个人建立"坚定的支持同盟"。你同盟的成员可以包括同事、朋友，或者仅仅是本书其他读者。你们可以携手共进，并一起互相查看获得支持的三个"B"（归属感、广度与界限）。

我的一位学员找到了两位亲密的队友，他们也愿意投入更多时间与精力来获得进一步的支持。此小组决定每隔一周在午餐时间会面，讨论他们朝着获得支持的三个"B"的稳定脉搏技能所做的努力。他们首先从归属感开始，为归

你的职业脉搏稳定吗？

属感而努力，设定个性化目标，通报自己的进展，并在此过程中学习与收集他人的心得。在每次会面时，他们各自总结自己发现，确认需要进一步完善的地方，并据此设定新的目标（根据第一章）。最终，当确认已掌握第一个"B"（归属感）时，他们继续下一个"B"。很快，他们不但有了相当强的职业上的人际网络，还成功建立了个性化的流程和实践，继续投入到人际技能中。

正如本章前面所提到的，研究显示情绪具有传染性。因此，至关重要的是，要找到一群人，他们的情感与行为能够为你的目标提供支持。表4-6是获得支持同盟计划表的示例，帮助你确定在准备每场会面过程中，你希望达成的目标类型是什么。

表4-6　获得支持同盟计划表

我们小组将重点关注：	从现在到下次会面之间，我会：	我们小组会再次联系：
社交网络的广度	承诺填写自己的增强社交网络广度的头脑风暴工作表，并在下一次例行会议之前努力完成第四项活动。我承诺会记录自己的关键心得与见解。	我们将在下周五的午餐时间，回顾各自进展并分享对我们个人进展的见解。

图4-5总结了整个过程。

归属感：以同情心做事。

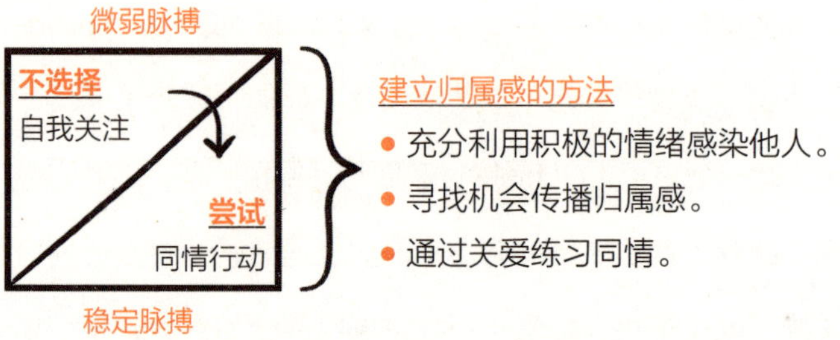

建立归属感的方法
- 充分利用积极的情绪感染他人。
- 寻找机会传播归属感。
- 通过关爱练习同情。

（微弱脉搏　不选择　自我关注　尝试　同情行动　稳定脉搏）

广度：社交网络多样化。

不选择
狭隘的社交网络

尝试
社交网络广度

微弱脉搏 / 稳定脉搏

拓展社交网络广度的方法。
- 与观点、背景和经验不同的人建立联系。
- 建立并用心经营弱关系与强关系。

界限：制定基于价值观的界限规则。

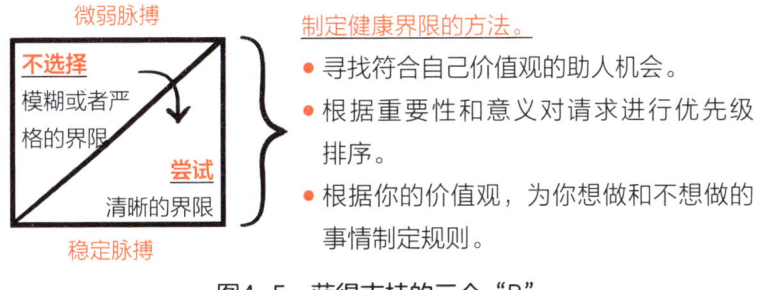

不选择
模糊或者严格的界限

尝试
清晰的界限

微弱脉搏 / 稳定脉搏

制定健康界限的方法。
- 寻找符合自己价值观的助人机会。
- 根据重要性和意义对请求进行优先级排序。
- 根据你的价值观，为你想做和不想做的事情制定规则。

图4-5　获得支持的三个"B"

在新的工作世界中获得支持

我们生活的时代有无数方式可以与人联系，然而许多人仍苦于与人联结。正如你在本章所了解的，我们天性乐于同他人保持联系，但获得支持比建立一个庞大的人际网络更为复杂与微妙：它需要有提高归属感的同情行动，社交网络多样化，以及一系列健康的有界限的帮助规则。获得支持还要求你摆脱"单打独斗"的迷思，这种迷思告诉你，需要他人意味着无能，成就比依附更为重要，以及友善并不是成功所必需的条件。这种存在方式的转变，最终将帮助你改变思维，避免过分夸大独自成功，进而看到相互依存的价值与优势。

第五章
评估努力

● 目标明确的飞行员

想象一下，你有一个有意义的梦想，但是外界不允许和你一样的人有这样的梦想，而且和你一样的人也从来没有实现过这样的梦想。当你知道在追求目标过程中自己必定要面对一个又一个障碍时，你会勇敢追梦吗？当你受挫而且不断地被劝说要放弃梦想时，你如何坚持初心不改？知道自己的梦想要付出巨大努力，你会竭尽所能吗？

贝西·科尔曼（Bessie Coleman）有两个梦想：她想要成为飞行员，并想要与其他人分享自己的激情，期待能够为像她一样的人带来启发，向自己学习。这些梦想并不宏大；但是考虑到这样的事实，这些梦想就具有了非凡的意义：贝西的父亲有十三个孩子，她父亲既是美国本地人也是非裔美国人，贝西的母亲是非裔美国人，而当时正是性别与种族不平等最为猖獗的年代。贝西出生于1892年，家境贫寒，当时离民权运动还很遥远，对于非裔美国人来说机会寥寥无几，更别提有色人种妇女了。

贝西成为飞行员的梦想在当时很容易被人看作"幻想"。没有人愿意教贝西飞行知识。贝西几乎申请了美国的所有飞行学校，均被拒绝。在种族主义与性别歧视的阻拦之下，贝西也变得极其沮丧，她本可以轻易放弃。

但是，贝西没有一条道走到黑来消耗自己的精力，而是另辟蹊径做出努力。她了解到法国有一所世界闻名，而且更具包容性的学校，便想要进入这所学校。贝西身无分文，于是通过白天在商店卖辣椒而筹钱，并在一家黑人报刊

《芝加哥卫报》（*The Chicago Defender*）上找到了赞助者。她在空闲时间自学法语这门完全陌生的语言。她朝着梦想专心且有意识地努力，最终能够前往法国，并报名进入飞行学校。

1921年6月15日，贝西获得了国际航空运动联合会颁发的飞行驾照，这让她有权在世界任何地方飞行。这样，贝西成为当时第一位获得飞行员执照的非裔美国女性。为了让你了解这是多么卓越的成就，考虑一下这样的事实：即使是在21世纪的今天，在美国所有的飞行员当中，只有7%为女飞行员，黑人女性飞行员的比例更是不到1%。贝西成为一个标杆，不仅是因为她的种族，更是因为她的性别；贝西获得飞行驾照的时间比阿梅莉亚·埃尔哈特（Amelia Earhart）还早两年。

回到美国后，贝西在飞行表演中演出，她利用飞行特技征服了观众，包括其标志性的翻筋斗动作，在此过程中她在空中飞出了一个"8"字形。她很快在欧洲与美国成名，甚至购买了自己的飞机。尽管取得了成功与名望，贝西始终忠于自己的价值观，而且立场坚定：除非所有种族都能参加她的飞行活动，否则她拒绝表演。

正如她的绰号"勇敢的贝西"所恰当描述的那样，贝西·科尔曼成为坚持目标，并为此仔细评估自己努力与精力的缩影。通过有意且慎重的行动，贝西能够将遥远的幻想变成了完全的现实。1992年成为贝西的高光时刻，梅·杰米森（Mae Jemison）作为首位进入太空的黑人女性，携带贝西的照片登上了奋进号航天飞机，这将贝西带到了她意想不到的更高位置。

正如你能想象的那样，通过研究贝西·科尔曼如何在面对巨大逆境时维持稳定个人脉搏并取得几乎难以实现的成就，你可以获得许多有价值的见解。如果仔细调查这位非凡的女性如何追逐自己的梦想，你会发现她运用了特定的一系列恢复力技能。第一，她具有目标驱动的追求，这使她的效率最大化。第二，她能够管理自己的精力，从而在面对许多障碍时不屈不挠。第三，她能够将自己的情绪作为数据与指标，指出那些她应该保持一致的人与事。只要你一直不断地评估自己的努力与精力，对目标的追求能够将你带到难以置信的地方。

● "多多益善"的迷思

把你所有的思绪集中在手上的工作。阳光只有聚焦到一点才能燃烧。

——亚历山大·格雷厄姆·贝尔（Alexander Graham Bell）

你听到过"多多益善"这句话多少次？我们生活的社会，沉迷于多多益善的观念。我们不断被这样的信息轰炸着，即成功的人做得更多，拥有更多，获得更多，经历更多，承担更多。我们被告知雄心等同于更多。我们想要更多金钱，更多成功，更多增长，更高产品，更多爱好及更多追随者。工作场所到处都是如何做得更多的提示、技巧与建议。因此，我们努力扩大活动、责任与兴趣范围，追求更多。但是，多多益善的观念真的成立吗？它真的会带来更多的成功吗？此刻，你很可能已经猜到我的答案了：不能。你只不过是在拼命地将已经不堪重负的生活安排得更紧凑，最终会筋疲力尽。当我们尝试去做每件事时，我们最终将精力投入太多不同的方向，以至于无法真正地将任何事情完全做好。随着注意力被分散，我们很快偏离正轨，争分夺秒，而且不再专注于最重要的事情。

当我们相信"多多益善"，我们开始认为，承担更多任务会使我们成就更高，表现更好。结果，我们接受每个出现的机会，并将热情与活力平均分配。

但即使是出于最好的意图，尝试着抓住每次机会往往也是弊大于利。太多不加区别的"接受"意味着更多的分心，这会影响注意力与质量。最终，我们的注意力越来越不集中，努力与时间四分五裂。"多多益善"的错误观念使我们忙忙碌碌，却产出低下。当我们相信这一观念时，我们努力试着为每个人做更多事情，却忽视了自己的需要与限制。我们最终为了满足其他人，而将自己的时间、精力与努力分配到不重要的事情上。再一次，我们的专注力放在了其他事情上而且被分散。

现实是，你的时间与精力是固定的。如果你有太多互相矛盾的目标，你很容易变得不知所措，因此也就无法完全专注于最重要的事情。另一方面，当你努力集中精力时，你能够对优先事项和精力保持控制，同时产生更大的影响。在向学员解释这一点时，我喜欢使用通过放大镜聚焦太阳光的比喻。通常情况下，我们能够从太阳散发的热量中感受到温暖，但是如果使用放大镜将光聚焦到一处，你会将热量集中并最终能够产生火焰，如图5-1所示。

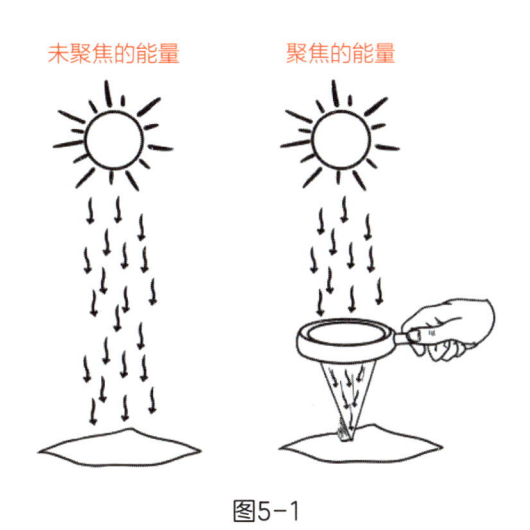

图5-1

在我多年来的培训生涯中，许多学员带着许多目标雄心勃勃接受培训。

他们相信"多多益善",未能意识到如果同时专注于许多不同的目标,他们无法给予每个目标足够的注意力与时间来取得重大进展。关键不在于数量而在于质量。对任何事情更多的关注,意味着在其他事情上更少的时间、精力与专注力。像贝西这样拥有稳定脉搏的人明白,有意的专注是持续成功的必要条件。通过有意识地评估努力,你能够在最重要的事情上取得重大进步,同时仍然维持稳定的个人脉搏。

少即是多

> 为学者日益,为道者日损。
>
> ——老子

我从干洗店取走自己的衣服,正往家走,突然感到右下腹一阵刺痛。这种疼痛十分剧烈,让我不得不停下脚步,弯腰使劲喘气,刚洗好的衣服落到了人行道上。我感觉自己可能要晕倒了,挣扎着靠在附近的一堵墙上。在我设法恢复镇静时,我的身体因为疼痛而发抖。疼痛稍微减轻后,我艰难地回到了家里。我打电话给医生,他让我服用非处方止痛药。但疼痛并没有消失。我去找外科医生,他告诉我这种疼痛并不太严重。但疼痛仍然没有消失。之后,我去了急诊室,并在医院住了四天。医务人员发现了一个肿块,但是他们无法确定这个肿块是什么;因为担心是感染,他们每天给我注射抗生素。之后他们把我送回了家,告诉我要对我进行监测。我的疼痛仍然没有消失,于是他们决定对我进行探索性手术,确定这个肿块到底是什么。最终发现,这个肿块是我盲肠上一个很大的子宫内膜异位瘤,而且黏在肠道上。我松了一口气,相信疼痛要结束了。

第五章 评估努力

在此之前的几个月，我的疲惫感一直在增强，但是我将这归因于不到一年前的手术，以及我腹部的疼痛。我想着，肿块一旦消失，我的精力就会恢复。但是，我大错特错了。我当时没意识到，但是我的康复旅程刚刚开始。正如你在第三章读到的那样，我在短时期内经历了几场外科手术，无数次的门诊预约及无数轮的侵入式检测等。但是我发现，所有这些中最糟糕的部分不是痛苦的术后恢复、损伤或者身体不适，而是疲劳。

最痛苦的是，我平日的精力水平下降了大约40%。我曾认为理所当然的事情变成了艰巨的任务。洗澡时，我不得不坐在浴盆里休息一会儿。去一趟杂货店，我要在沙发上歇两三天。和朋友应酬之后，我会感觉十分疲惫，于是一天中的剩余时间里要在床上度过。当我的洗碗机坏掉，而维修公司在两周内无法更换水泵时，我发觉自己惊慌失措，担心自己每天站立的时间是否足够洗碗。

我以前周游世界发表演讲，从新西兰的巨大高山上向下滑雪，攀登犹他州美丽的橙色砂岩墙，穿过伯利兹（Belize）的水下洞穴，如今我却没有了以往的活力，这一变化让我感到异常恐惧与自卑。让这些事情过去的过程是相当痛苦的。然而，它以一种出乎意料的令人愉快的方式解脱。

直到生病，我才开始深刻而真正地理解评估个人努力的作用。我几乎什么都做不了。我的精力与时间变成了最宝贵的资源。我开始敏锐地觉察到了决定做某件事时的权衡：我为做某件事付出努力意味着对其他事情付出较少的精力与时间，这意味着我不得不经常对许多事情说"不"。不过，在放弃的过程中，我对自己的健康说了"是"。

在这个过程中，我也被迫更加关注自己的情感，以及这些情感传达的重要信息：什么能够激励我，什么会消耗我精力。通过这段痛苦但最终具有启发性的经历，我意识到了仔细评估自己的努力远远不只意味着对不想做的事情说"不"；它还意味着对想要做的事情说"不"，以便能对真正重要的事情说"是"。

评估努力的核心能力是有意识地对重要事情优先级排序。这涉及以一种可持续的方式控制自己的注意力，将其放在最重要的工作上。通过更清楚地觉察你管理自己注意力、精力与情感的方式，你能够确保在此过程中，在不影响个人脉搏的前提下最大化你自己的努力。这种觉察不但使你能够接收到周围的重要信号，还能够降低无用杂音的音量。当你练习深思熟虑评估自己努力时，你能够将时间与精力放在重要的事情上，防止自己偏离重要的目标与价值观。

拒绝"多多益善"观念、拥有稳定脉搏的人，不会将评估努力理解为"我必须放弃什么"。相反，通过深思熟虑的评估，他们会考虑那些自己想要加倍努力的事情。拥有稳定脉搏的人还会不断地评估为自己追求所付出的努力。这不但让他们能够重新掌控自己的时间与优先事项，还为他们检验自己是否沿着正确的道路前进提供了空间。

与其问自己"我如何才能做到这一切？"或者"我如何能够做更多的事情来充实自己的生活"，不如后退一步，深思熟虑地全面估计每个潜在机会对你的要求，来评估自己的努力。通过这一过程，你最终要问自己以下几个重要问题：这符合我的目标吗？这需要我付出多少精力？这如何在情感上对我产生影响？表5-1显示了两类人的心态：相信"多多益善"观念的人和仔细评估自己努力的人。你注意到其中的差别了吗？

表5-1

相信"多多益善"	评估努力
我如何为这挤出时间？	这符合我的目标吗？
更多机会意味着更多成功。	更多机会意味着更大的分心可能性。
这是我想要做的事吗？	我最想做的是什么？
这需要多长时间？	这需要我多少精力？
这对我有什么好处？	这将如何在情感上对我产生影响？

● 忽视评估自己努力的消极结果

我不在乎你有多少力量、才华或精力,如果不能驾驭它,将其用在具体目标上,并坚持不懈,你永远无法达到自己能力所能达到的高度。

——吉格·金克拉(Zig Ziglar)

想象一下,你是坐在机长位置驾驶飞机的飞行员。然而,当你努力将注意力放在工作上时,飞机上的所有乘客不断地靠近驾驶舱,大声地指挥你,并提出各种要求。一位乘客告诉你他知道一条捷径,另一位乘客问你能否让飞机降落一会儿,还有一位乘客问你能否帮忙提供饮品服务。你可以让这些乘客继续分散自己的注意力,也可以选择将注意力集中到你出发时要前往的目的地。如果放弃了选择自己想关注事物的权利,你会很容易地发现自己耽误了到达时间,被拉向许多方向,甚至是完全偏离了航向。这就是忽视评估自己努力造成的消极结果。

受训学员希玛里(Himari)坐在我对面,我发现她的右腿有节奏地来回摆动,显得紧张不安。她在纽约市一家颇受尊敬的设计机构工作,是一位才华横溢、积极努力的设计师。希玛里年轻时就卓尔不凡,很快就因为激情四溢、目光敏锐与知识渊博而备受赞赏。希玛里渴望在成功基础上再接再厉,于是继续承担一些辅助项目,投入时间来学习,满怀热情地抓住所有机会。她向我寻求指导,说自己感觉紧张。她面临着一个蹒跚学步的孩子,一份充满前景的工作,几个野心勃勃的辅助项目,还有最近刚搬进她家的年迈母亲,她突然发现自己不知所措,这是可以理解的。

我注意到,她说话时不停地摆弄着自己的毛衣袖子。她说:"我在我儿子生病的情况下送他去学校,我的内心充满了愧疚感。"在她摇头转动眼珠时,她的几何形耳环在肩膀上来回晃动着，她竭力表达对自己的不满。"我真的以为他好多了。在我送他返校之前，他已经24小时没有出现耳朵痛了。但是，后来学校打电话告诉我，他在抱怨自己的耳朵疼，而且他还发烧了，已经38.3摄氏度了！天哪！这是严重的耳部感染。护士训斥了我，我感觉糟透了。"

我回答："哦，希玛里，我很抱歉听到这事。你能分享更多自己感到愧疚的事情吗？"

"我想做一个好妈妈，好女儿。但是，我感觉自己失败了。我的职业是唯一比较成功的地方。"

"你觉得自己作为母亲不够格，所以感到愧疚。对吧？"

"是的，我作为妈妈的愧疚感现在太强烈了。"

"希玛里，谢谢你给我分享了这么多。内疚感是一种难以忍受的情绪。我知道你有多爱自己的儿子，因为你在我们每次会面时都会提及他。我也知道你有多努力地为他付出。这种经历肯定动摇了你。如果我们缩小范围，用0到10来评价这个特定的例子在多大程度上反映出你作为母亲的本质，你对它的评分是多少？"

"好吧，如果回想一下自己作为母亲的表现，我得说这事并不常见。因此，我给它的评分是2。"

"这样说，你认识到这事并不常见。你给它的评分是2。为什么不给7呢？"

"嗯，因为当涉及重要的事情时，真的很重要的事情时，我总会在那里。我为自己的儿子与母亲而努力，并获得成功。这些年里，我努力将自己的儿子与家庭放在首位。我相信当自己真正回首过去时，我会认为自己是个好妈妈。我只是太忙了，对什么重要及什么不重要失去了洞察力。整体来看，我在没有意识到儿子生病的情况下将他送去学校，也不是什么大事。"当她说出这些话时，我注意到她的腿放慢摆动速度，并开始停下来。

第五章　评估努力

随着她要处理的问题逐渐增多，以及"多多益善"观念的外部压力持续存在（对于在职妈妈来说尤其难以承担），希玛里对重要事情和无须处理的事情的判断和识别空间变得越来越窄。忙碌不只会让我们意识不到偏离了自己的优先事项；它还让我们不太适应自己擅长的领域，在我们遇到一些小插曲时尤其如此。

当我们无法持续评估自己的努力时，我们忽略了什么重要而什么不重要。我们开始感觉所有事情同等重要。我们最终在"责任的河流"中随波逐流。我们没有精力或者空间来寻找并获得洞察力。我们没有时间来做出决定，将自己从这条河流中拉上来。相反，觉察赋予你力量，使你能站在河岸上，并且评估激流、缓流与流速。你可以决定自己是否想在河里，如果想，你能决定自己想要在什么地方跳进河里，以及你想要向前游动的方向。

● 持续努力：评估努力的三个"E"

长期持续努力的能力可以归结为评估努力的三个"E"：持久原则（Enduring Principles）、精力管理（Energy Expenditure）、情绪敏锐度（Emotional Acuity）。以上三个要素是关键因素，使你能够有目的、有意识地选择将精力与时间集中在什么地方。它们使你不再被事情推着走，而是通过主动觉察来行动。

打比方来说，评估努力的三个"E"本质上是你的个人仪表板，告知你是否朝着正确的方向前进，你是否需要停车加油，你是否朝着气候条件良好的地方行使，或者你是否需要改变路线来避免不必要的颠簸。

评估努力的三个"E"是确保你在不牺牲自己和自己健康的情况下，朝着长期目标持续努力的关键。这些个人脉搏技能旨在为你提供关键信息以及更深刻的觉察。由此，你将能够更准确地识别自己管理你的宝贵时间、精力与努力的方式。简而言之，你的个人仪表板使你能够忘掉"多多益善"的观念，系统地评估自己的努力，将注意力集中在最重要的事情上，如图5-2所示。

持久原则：

你的"航向指示器"，引导你朝着符合自己价值观且富有意义的方向前进。

精力消耗：

你的"转速表"确保你以稳定的速度航行，不会过度消耗精力，或者太快地使用太多"燃油"。

情绪敏锐度：

你的"调度器"使你随时掌握自己运行过程中的"天气条件"。

图5-2 评估努力的个人仪表板

持久原则：让目标成为指南

你每时每刻都在影响着周围的世界，你的一举一动都会创造出不同，你必须决定自己想要做出哪种改变。

——珍妮·古道尔（Jane Goodall）

我们都需要有自己的生活原则来指引与帮助我们，为生活带来更大的意义。持久原则代表了你的立场，它包括你的个人优势与价值观。这些一起构成了一系列富有意义的生活与运作指南。这些原则基本上代表了你个人的"为什么"。拥有一套明确界定的持久原则，你就能够正直行事，而且优雅地应付不确定性。这些持久原则还能够让你在目标驱动下运作，同时专注于重要的事情。拥有稳定脉搏的人明白，了解个人的"为什么"，会为自己的选择与努力注入意义，最终会转化为持续的成功，并减少职业倦怠的概率。

正如我在本书前面所提到的那样，我们大多数人都在工作上投入了大量的时间与精力。如果没有任何意义，我们的努力将让人感到压力，最终产生负面影响。然而，如果你能够坚持自己的持久原则，即使在面对挑战性的工作时，你也不太可能感到筋疲力尽。例如，在写这本书时，我有时感觉压力重重，不知所措。当我遇到写作障碍或者感觉自己进展缓慢时，我能够用一种直接与自己富有意义的追求和指导原则相连的方式跳脱出来，重新审视自己的挑战。例如，我一生中富有意义的追求之一便是借助科学帮助其他人以更真实、更有活力的方式生活。当我想到写这本书就是为了达成这一目标时，我的压力便转化为动力，重新聚焦在撰写本书背后的"为什么"，将一切重新拉回焦点。此时，这不再是有压力的努力，而是变成了有意义的努力。任何有价值的追求都伴随着挑战；当明确界定自己的持久原则时，你就能够理解它们的含义。

在工作与生活中创造意义的难点在于，人们对意义究竟指什么存在许多误解。许多学员对我说："我想要过一种更富有意义的生活，因此我需要弄清如何才能快乐。"尽管有意义与幸福是正相关的，但它们不是一回事，而是截然不同的。

对幸福的追求是为了获得积极的精神与情感状态，而意义是与我们有联系的某件事物的本质。在很多时候，意义来自与超越自我的事情相联系并促进后者。例如，社会心理学家罗伊·F. 鲍迈斯特（Roy F. Baumeister）与同事进行了一项调查，研究预测幸福的因素，其中会询问一些问题来确定人们是给予者或者接受者。给予者与意义呈正相关，而接受者与意义呈负相关："研究结果显示，幸福主要是满足个人需求，包括从他人那里获得满足，甚至是利用金钱获得满足。相比之下，意义与做那些能够表达与反映自我的事情，尤其是为他人做积极的事情有关。"当我们相信"多多益善"的观念时，我们很容易就把追求幸福放在有意义的前面。我们想要获得更多愉悦的情感，以及更多幸福。然而，当你在追求幸福的过程中放弃意义时，你可能会失败，因为没有人会一直感觉幸福；情感本身就是无常的。

作为人，我们总会面临各种挑战与痛苦。因此，我们很容易患上"幸福后遗症"，渴望获得幸福，没完没了地追求更高强度的幸福。而且，意义与幸福互相依存，没有意义的幸福不一定会带来稳定的个人脉搏。实际上，芭芭拉·弗雷德里克森与同事在美国国家科学院的院刊上发表的研究显示，那些自称幸福但是生活毫无意义的人与那些长期遭受逆境的人的基因表达模式相似。而那些有着强烈意义感但不一定幸福的人（以及那些意义感水平与幸福感相匹配的人），面对逆境时感到的压力减弱。这并不是说，我们应该避免去感受幸福，不应该去体会喜悦等情感，意义与幸福无法共存或重叠。弗雷德里克森的研究还发现，积极情绪能够拓宽人的视野，缓和逆境对人的影响。然而，重要的是要明白，如果你相信"多多益善"，并以意义与目标为代价来追求简单幸福（避苦趋乐），你的恢复力会受到消极影响。简而言之，仅仅只有幸福是不够的。为了获得成功并感到充实，你还需要让自己的生活有意义。

对于意义还有另一种常见误解，认为意义来自"大"事，为了获得意义，你必须冒大风险，或者追求宏大目标。尽管获得飞行员执照的追求对贝西来说无疑具有巨大的意义，她的选择（例如：决定每天学习法语，或者为社会正义做奉献）也在她朝着更大目标前进的漫长过程中为她带来意义。

我们可以每天在我们所做的符合持久原则的决定与选择中找到意义。不妨拿清洁工或者女佣作为例子。许多人会认为这是一项无意义的工作，由无成就感的琐事构成。我的祖母在路边汽车旅馆当女佣。她的一天通常都是被看似毫无意义的任务所占据：用吸尘器清扫地板，倒垃圾，换床单，补充厕所用品，打扫厕所，等等。但事实上，她发现这项工作有着重大意义，因为这与她扶持家人的指导原则紧密相连。

我祖母只上到了八年级，她的母亲就意外去世，她不得不上班来帮助家人。因此，她富有意义的追求是确保家里的女性能够接受教育。她从未将自己看作女佣；她将自己视为让我能接受教育的铺路者。当我上大学时，祖母每个月都会给我写信，让我知道她在学校看到我是多么自豪。除了漂亮的手写短笺，她还会附上一张五美元的钞票（来自她的薪金），以她的方式来帮助我管理开支。祖母在贫困中长大，我相信她对每一美分都十分珍惜，但是看到我在学校成功，对她来说更有意义。在我的整个学术生涯中，祖母一直坚持这样做。要知道，我一直读到博士，并做了博士后，这意味着很长的一段时间以及很多的信件！女佣绝非祖母的追求，但她能够通过将工作与自己的价值观以及更大的指导原则联系起来，找到自己工作中的深层意义。祖母已经去世了，但我永远不会忘记在我博士毕业那天，她脸上流露出的十足的欣喜、愉悦表情。这是永远埋藏在我内心深处的一段记忆。

正如你在我祖母的例子中能看到的，与流行的观念不同，意义与你的职称或者你在公司所处等级的关系不大。美国耶鲁大学管理学院的组织心理学家艾米·沃兹涅夫斯基（Amy Wrzesniewski）采访了一家医院的清洁工，以了解他们在工作上得到满足可能采用的策略。研究发现，有些人抱怨自己的工作，但也有些人用完全不同的话来描述他们的工作。他们认为，自己的工作有很高的技术含量。他们会用价值观与原则来描述自己的工作，而且将自己视为医院的大使或者治疗师，他们的工作是尽一切努力促进病人的健康。这些人会不厌其烦地了解他们所打扫房间里的病人，考虑方方面面，例如，打扫天花板，使病人有平和的视野，确定使用什么清洁剂对病人的刺激性更小，留意哪些病人没有人看望，便和这些人多待一些时间。

你的职业脉搏稳定吗？

一位女清洁工甚至在一位昏迷病人的房间里旋转一幅艺术作品，期待着房间场景的变化可以激发出病人大脑里的一些东西。这些人并不认为自己是清洁工，他们看到自己的努力如何服务病人这一富有意义的目标。他们没有因工作而感到疲惫，而是确保自己的努力符合他们的价值观与指导原则，从而维持稳定的个人脉搏。

2017年，我在向上向好的同事开始进行全国性调查，研究有意义的工作的价值。他们对26个行业的2000多名从业者进行了调查，涵盖各种群体、工作环境与职业。这项研究最重大的发现之一是，工作者愿意用金钱换取意义。没错，他们发现超过九成的员工愿意用一生中的部分收入，换取工作中更大的意义。具体来说，调查发现，在不同的年龄、工资群体甚至资历中，员工都愿意放弃他们未来总收入的近四分之一（23%），来换取始终有意义的工作。这一巨大的牺牲充分证明拥有一份目标驱动型工作的重要性。毫不奇怪，此研究还发现，那些发现自己工作非常有意义的员工更快乐、更高效，而且工作更努力。

除了这些与工作有关的益处之外，研究还发现，那些目标感更强、认为自己生活有意义的人寿命更长，在认知测试中表现更好，而且表现出更少的抑郁症状。此外，目标感更强的人也更能承受压力。简而言之，当你利用持久原则来指导并帮助自己创造更大的人生意义时，你就确保了稳定的个人脉搏及持续成功。

在许多人的生活与工作充满了不确定性和变化的时代，拥有一套持久原则使我们始终坚持有意义的事情，大大帮助我们保证正确的努力方向。虽然不存在着永久的幸福天堂或者目的地，在其间永远不用面对逆境，但意义感却始终存在。意义可以有许多来源（例如：其他人及社区，你所处的环境，工作机构的使命感，或者你自己的精神信仰），而一种方法便是审视自我。花时间确定自己的持久原则，然后调整自己的选择、行动与决定，使其与持久原则保持一致，你就可以让自己的生活与工作更有意义。

如何建立一套持久原则

持久的指导原则都会烙上每个人的鲜明个性。而且，你的指导原则可能会随着你所处人生阶段而变化。例如，当你有了孩子，你发现自己面临着巨大的生活挑战，或者要换工作时，你的指导原则可能也会随之发生变化。最重要的一点是，你要确定在自己所处阶段需要优先考虑的因素，然后将你的生活与那些可以让你以有意义的方式追求这些经历的人、行为与机会结合起来。

第一步：确定价值观。

你持久原则的基础就是你的核心价值。如果你已完成了第四章中的价值观练习，一切准备就绪。如果没有完成，也没有关系，只需转到第四章"如何建立工作界限"部分，并完成第一步。

第二步：确定独特技能。

花点时间考虑一下自己的独特技能组合。通读表5-2独特技能表，圈出目前在你的生活中与自己最相关的三项技能。我还将末行留空，供你填写表中未列出来的技能。在你缩小清单范围之前，花点时间自问：我在哪些方面真的做得很好？我了解的自己擅长方面有哪些？朋友会找我求助什么？其他人会怎样评价我的技能？

表5-2　独特技能表

讲授	演讲	助人	设计
活在当下	科学	技术	创造力
写作	逻辑	好奇心	组织
联结	直觉	团结	大局思维
创新	解决问题	影响力	地位/平台
自律	意志力	同情心	幽默

续表

和善	讲故事	坚持	领导力
乐观	情商	谈判	批判性思维

第三步：确定有意义的追求。

制定指导原则的第三步是反思自己目前在工作与生活中所产生的（或者希望在将来产生的）积极影响有哪些。正如你在下列例子中看到的，你的有意义的追求比你在职位描述中看到的活动清单要广得多。这里蕴含着你的更大的"为什么"。

> **我祖母有意义的追求：**
> 我努力确保我家里的女性能够追求高等教育。
>
> **吉门内斯博士有意义的追求：**
> 我努力借助科学来帮助其他人以更真实且更有活力的方式生活。
>
> **此项研究中的清洁工如何确定自己有意义的追求：**
> 我努力确保为医院里的病人提供最好的康复条件。

花点时间写一到三条解释，说明自己为什么在工作与生活中做某件事情。在写之前，我鼓励你先思考以下问题：我为什么选择自己的职业？工作给我带来了哪些目标或者意义？工作对我意味着什么？我在工作与生活中所做的事情，如何与他人及社会产生联系？我做哪些事情会让自己感觉良好而且值得去做？务必利用艾米·沃兹涅夫斯基研究中的清洁工作为灵感——这些人能够在他们已经在从事的工作中，找到自己有意义的追求。

我有意义的追求：
_____
_____
_____
_____

第四步：用心写下个人使命宣言。

现在，你已经有了明确的价值观、技能及有意义的追求，接下来需要利用下列句子来用心写下自己的个人使命宣言。在第一个空行，你可以写下两到三条价值观。在第二个空行，记下相应的能力或者优势。最后在第三个空行，列出你正努力要实现的所有有意义的追求。

因为我重视_____
［列出第一步中一种或两种价值观］，
我想要使用自己的技能_____
［列出第二步中你的一种或两种技能］，
去做_____
［列出第三步中你的一种有意义的追求］。

我的祖母也可能为自己用心写下了个人使命宣言：

你的职业脉搏稳定吗?

因为我重视学习与自由,我想要使用自己关爱他人及持久毅力的技能,来确保我家里的女性能够追求高等教育。

我的一位学员正从职业倦怠中恢复,这是他可能为自己写的个人使命宣言:

因为我重视团结,我想要使用自己的组织与解决问题的技能,来用心经营具有稳定脉搏的生活,这样我就能作为领导者和自己的团队一起获得成功。

第五步:确定持久原则。

现在,使用你的核心使命宣言,写下三条常见持久原则,服务于你的个人使命宣言。表5-3为示例列表。

表5-3

有意义地生活	维持生活平衡	学会感恩
活在当下	把健康放在首位	善待自我
不断成长	学会不依附	不再非黑即白
重视现在	保护精力	进入延伸区
坚持学习	学会放手	接受不足
以好奇心作指引	做一个"学习者"	保持联结
追求冒险	投入激情	正直行事
重视生活中的荣誉	以同情心作指引	以同理心作为开始

贝西可能会用心写下自己的个人使命宣言与持久原则:

因为我重视学习与冒险,我想要使用自己的解决问题技能,成为第一位能够驾驶飞机的非裔美国女性。在完成这一使命的过程中，我会遵循这些指导原则：①追求冒险；②投入激情；③坚持学习。

因为我重视自由与公平，我想要使用自己的影响力与情商技能直面种族隔离。在完成这一使命的过程中，我会遵循这些指导原则：①激励其他人；②重视生活中的荣誉；③始终正直行事。

正如你从贝西的这些陈述中看到的，你不一定只有一项使命宣言。许多人有两（甚至三）项使命宣言。以下是一个模板，可以将你的个人使命宣言与指导原则结合起来：

> 因为我重视_____
> ［列出第一步中一种或两种价值观］，
> 我想要使用自己的技能_____
> ［列出第二步中你的一种或两种技能］，
> 去做_____
> ［列出第三步中你的一种有意义的追求］。
> 在完成这一使命的过程中，我会遵循这些指导原则：_____
> ［列出第五步中的三项持久原则］。

第六步：全身心投入。

确定自己的指导原则只是一个方面。一旦确定了自己的指导原则，你必须通过坚定的行动全身心遵循下列原则。我建议，每次你遇到新的机会、邀请，或者可能要增加的潜在事情时，在做出回应之前停下来，花一点时间反思自己的持久原则。一定要经常反问自己，如何利用目标来推动工作与选择。考虑你可以安排日常工作的方式，确保始终坚持自己的目标与原则。

我的许多学员写出了自己的个人使命宣言，并将其挂在可以不时看到的地方，例如浴室镜子上。还有些学员将指导原则作为智能手机的屏保，甚至订了一个手镯，将最重要的指导原则刻在上面。还有学员甚至定做咖啡杯，在上面列出自己的指导原则，这样他们每天早上都会看到这些重要而切实的提示。找到各种有创造性的方式，用个人使命宣言与持久原则时刻提醒自己。

你越是将持久原则放在生活的重要位置上，就越能够做出与持久原则相一致的决定。你还能更好地抵挡住诱惑，避免偏离目标。不仅这样，研究还显示，确定一组核心优先事项，然后全身心投入其中，能有效提高自我表现。实际上，美国加州大学伯克利分校的管理学教授莫滕·汉森（Morten Hansen）对5000人进行了一项研究，发现那些选择了几项关键优先事项，然后集中精力投入的人，比那些追求许多优先事项的人，绩效平均要高出25个百分点。这一发现具有重大意义：你不可能同时做好许多不同的事情，但是当你选择最重要的事情时，就能将时间与精力投入有意义的追求中。

精力管理：管理精力，而不只是管理时间

精力，而非时间，才是保持高绩效的关键。

——吉姆·洛尔（Jim Loehr）

想一下自己上次醒来，以精神饱满、精力充沛的姿态迎接新一天的画面。这一天过得怎样？再回想一下上次醒来时疲惫不堪、精神不振的画面。这一天又过得怎样？我猜精力充沛的一天，要比精神不振的一天更令人愉快吧。

为了避免生活需求造成负担过重与精力消耗殆尽，我们已经习惯于认为自己能做的最重要的事情就是时间管理。有无数的时间管理应用程序、研讨会、

第五章 评估努力

书籍、博客与文章，都是为了帮助你管理时间。我们很容易认为，只要我们能够更好地管理时间，我们就能够战胜忙碌或者克服压力。我在这里挑战这个观点。

我们无法使用昨天的时间管理策略，解决今天职业倦怠与忙碌的挑战。时间是有限的资源。我们可以失去也可以重新获得金钱，但是时间不一样，我们无法找回失去的时间。我们所有人，不管我们是谁，也不管我们的身份、收入或位置，每周都只有168个小时，因此我们必须明智地使用时间。然而，即使你一天安排完美，不会感到匆忙或者超出计划，你花在人与活动上的时间却消耗着精力。你可能会发现自己需要额外一杯咖啡或者能量饮料，来度过一天中的剩下时间。而且，即使你有大量的时间来完成下一个项目或者目标，如果你没有了精力，你也就很难利用这些时间。简而言之，时间管理只是一个方面：如果你不能仔细而且合理地管理自己的精力，你就很难长期维持稳定脉搏。

你在一天中多久会考虑管理自己的精力一次？你是不是有可能在没有意识到的情况下，已经不必要地消耗着自己的精力？和任何生物一样，人类需要能量来维持正常活动与良好状态。你可能认为这不适用于你，因为你在一天的大部分时间里都是坐在办公桌旁工作，但让我告诉你一个非常具有启发性的事实：大脑占了你体重的大约2%，却占了你一天所消耗能量的20%！没错，你的大脑比任何其他器官消耗的能量都多。你投入心智能量的方式，对于你这一天最后是精疲力竭还是精力充沛起着重要作用。

我们都有过这样的经历：复杂的工作环境或从事一些耗费脑力的工作会让我们精疲力竭。虽然人们普遍认为，精力不足主要是因为体力劳动、睡眠不足或剧烈运动等生理原因，其实心理因素也能让我们精疲力竭。实际上，心理学家已经将情绪疲惫确定为职业倦怠的一项关键因素。想一下你如何在工作中度过了紧张的一天，尽管智能手表显示你一整天也就走了2000步，但你回家后几乎没有精力做晚饭，而且在躺在床上睡觉之前也没有精力去哄孩子上床睡觉。

尽管在各种时间管理的论述中，心理与心智能量经常被排除在外，它们却在维持一个人的成功方面发挥着重要作用。

雅尔达（Yalda）抬头看着我，眼神悲伤，眉头紧锁，嘴角向下紧绷，说道："我在过去的一周里意识到了一些事情。我的工作再无法给我动力了。"她接着说："即使将这大声讲出来，我也感觉内疚。我应该心怀感激，因为我利用自己爱好的事情谋生，过着富足的生活。我真的不知道自己是否需要就此算了。"

在24岁时，雅尔达已经成为知名的社交媒体影响者。日复一日，全球各地的人都会收到她的照片墙订阅与网站，从中得到她最新的健身与营养建议。她不仅仅是健康与健身所有相关知识的达人，她还是一位杰出的商人，全面领导着她日益成长的商业帝国。起初，雅尔达喜欢看自己的健身计划如何对许多人的生活产生积极影响的事迹。她在这些时候曾经感觉，而且现在依然感觉，自己对所做的事情有着强烈的目标感。然而，她感觉需要与自己不断壮大的追随者队伍保持即时沟通，而这样的代价是，随着时间推移她慢慢变得精疲力竭。为了确保每天与追随者互动，她感受到了巨大的压力。

我对她说："失去动力等同于失去激情吗？你能解释下当你说工作无法再给你动力了时，具体指什么吗？"

"我想这不一定指什么。我喜欢自己的追随者，喜欢帮助人们获得健康。但是，我现在累了，感觉疲惫，精力不足。如果一个人获取深层意义与目标的事情使他精疲力竭，他会怎么做呢？"

"是他们做的事情使他们精疲力竭吗？或者说是他们做事情的方式让他们精疲力竭？这完全是两码事。让我们努力去查明，是所做的事情，还是做事情的方式，或者是其他因素一起导致你出现这种感觉。"

通过培训，我发现雅尔达实际上是一个高敏感的人。大多数人可能偶尔感觉受到过度刺激，但对于她和类似的人来说，她们在大多数时间都是这种感觉。敏感可能会遭到贬低，尤其是在西方文化中——搜索英文单词"sensitive（敏感的）"，你会发现许多人流泪的照片。但如果你是高敏感的人，并不一定会完全展露自己的情绪。高敏感的人倾向于更深入地处理信息，极度关注细节，对积极与消极刺激源会做出更强烈的回应，同时有着非常敏锐的感觉。

心理学家伊莱恩·阿伦（Elaine Aron）博士，《天生敏感》（The Highly Sensitive Person）的作者，首先对这种基因特征做出了研究。高敏感的人往往具有感觉加工敏感性，大约占总人数的15%~20%。有人可能认为，高敏感的人都是性格内向者，但研究估计这类人中有30%实际上是性格外向者。另一种陈旧的观点认为，高敏感的人只能是女性，但是实际上，20%的男性被认为是高敏感的人。

在培训过程中，雅尔达意识到自己感到精疲力竭，不是因为她对工作失去了激情，而是因为她发现她每天使用精力的方式对自己在心理上造成了负担。具体来说，她没有注意到环境中的各种感觉输入是如何影响她的。我们没有鼓励她对感受世界的方式"脱敏"（这基本上等同于告诉有雀斑的人，他们应该除掉雀斑），或者判定她无论如何脸皮不够厚，无法成为社交媒体的影响者（事实并非如此），而是重点关注雅尔达每天如何管理自己的感觉输入，进而管理自己的精力，而不仅仅是她的时间。果然，随着恢复了精力，她对工作的热情、兴趣与激情也随之增强。

需要注意的是，高敏感的人往往富有同情心，深思熟虑，而且注重细节，这在工作场所是非常好的品质。告诉高敏感的人"坚强起来"，去适应过时的工作方式，降低了这些人独特的价值。而且，我们每个人都对环境有敏感度；这是一个光谱，而高度敏感的人处于光谱边缘。因此，一个人可能发现社交活动让他精力充沛，而另一个人可能在社交活动之后需要休息一段时间。而且，这个人可能感觉，与不愉快的客户紧张的会面对他毫无影响；而另一个人可能在这一天剩余的时间里都难以摆脱这次会面的影响。混乱的办公桌或者房间可能不会对你产生干扰，却让其他人难以集中精力；在工作时听音乐可能让一个人恢复活力，却让另一个人完全分心。不管你是属于哪一种情况，重要的是要意识到如何安排你的一天，才会优化感觉输入，让你精力充沛，而不是筋疲力尽。如果你更多倾向于此光谱内高敏感的人一端，这一点就尤为重要。

即使你不太具有高敏感性，在当今信息超载的世界里，你的神经系统可能会因为感觉输入冲击而受到过度刺激。这通常被称为"感觉超载"。让我来解释一下这是如何发生的。你的感官将来自环境的信息传递到大脑，大脑会解释此信息，并告诉你如何做出回应。如果大脑开始疲于应对它获得的所有输入，你的神经系统将在连锁反应中开始紊乱。如果你每天持续不断接受刺激，你可能会在无意识中使自己的神经系统进入超速运转，最终导致疲劳与精力下降。

简而言之，为了维持稳定个人脉搏以及成功，你必须仔细而且合理地规划你通过感官接受的内容。尽管诸如工作难题及机构环境等因素也可能会影响你的工作精力，但你不一定要始终能够控制这些因素。你可以对感觉输入产生更大的影响。拥有稳定脉搏的人明白，为了在当今的工作世界维持活力与工作效率，他们需要有意识地分配精力并谨慎地管理感觉输入。精力管理就是要成为你精力与感官的"首席执行官"而不是"首席打杂官"。你必须将注意力与资源集中到那些可以为你的投入带来精力方面回报的工作上。如果你生活中的一切都在消耗着你的精力，你需要扩展自己的时间管理策略，将精力管理纳入其中。

如何管理精力

当我和学员一起探讨精力管理时，我让他们做的第一件事就是能力审查。在一周内，你要追踪自己参与的每项活动。一定要注意你在做什么事情，和谁在一起，处于什么样的环境，以及感觉如何。按照从0（完全精疲力竭）到10（精力充沛）的标准，对每种情况评分。也别忘了在下班时审查自己的状态。

你可以创建类似表5-4的一个简单日志。

表5-4

日期	时间	观察日志	评分（0~10）
		我和谁在一起？ 我在做什么？ 我所处的环境怎么样？ 我感觉如何？	

完成这项任务之后，学员通常会得到一个意外且惊人的信息宝库。我的一位学员意识到，每次他对某个人讲话后，精力会明显下降。从这种观察中，他能够为自己制定规则，如果将要与这个人会面，他需要在日程表中增加一次补充能力的活动或体验，作为平衡。我的另一位学员意识到，她在一天之内连续安排了三个信息量非常大的会议，导致她的大脑与神经系统超载。有了这种觉察，她能够调整日程表，并打破连续会议，改为与直接下属进行一对一的会面，包括到附近公园散步（这是她从我们充分利用闲暇时间的练习中得到的一种方法），这让她能够保持精力充沛。

从本质上说，你的审查有助于指导新的行动，这样你就可以投入更多时间到那些能让你增强活力而且恢复精力的会面，减少那些使你精疲力竭的方面。澄清一点，这并不是要避免压力。正如你在第三章所了解到的，有效的精力管理包括压力与恢复。记住，少量的压力实际上会促进成长。真正的罪魁祸首是没有得到恢复的慢性神经系统激活。我们会感到疲劳，不是因为我们做得太多，而是因为我们在保护与补充精力方面做得不够。我们的主要目标应是解决与补充日益减少的精力资源，用让人镇定或者补充精力的活动、交往与环境来平衡那些会消耗精力的活动、交往与环境。

管理精力的其他注意事项：

- 做一个善于选人的人。当面临压力或挑战时，你如何知道要找哪些人做伴？就精力管理而言，重要的是要仔细考虑谁接触到你，以及你的精力会用到谁的身上。在不知不觉的情况下，你很可能会遇到"精力吸血鬼"，这些人有意或者无意地会增加你的不稳定性，让你精疲力竭且不知所措。请记住，情绪具有传染性，有时你需要保护自己的情绪与精力。

迪娜·卡博内尔（Dina Carbonell）博士追踪研究对象25年，研究那些成功走出困境的人的习惯与特征。她发现"恢复力强的人能够识别出那些容易相处、值得信赖而且乐于助人的人，然后靠近这些人"。拥有稳定脉搏的人善于评估自己，并亲近那些有助于自己成长，不会让自己感觉精疲力竭的人。

花点时间来查看表5-5。你可以看到，左列为显示健康关系的特性，而右列列出了不健康关系的潜在警告信号。

表5-5

健康信号	不健康信号
尊重彼此的差异	试图强迫改变对方
为彼此的成功感到骄傲	嫉妒或者好竞争
诚实	不诚实
持续支持	不坚定的支持，夹杂着批评
共同做出决定	一个人做出大多数决定
尊重彼此的界限	忽视彼此的需要与界限
归属感	必须改变或者掩盖一部分真实的自己
自在感与信任感	在相互影响后持续感到疲惫
相互尊重	忽视、排斥或者吹毛求疵
富于同情心地询问	指责与苛刻评判
现实的期望	不合理的期望与内疚感

- 将平静融入你的一天。并非只有挫折、愤怒与焦虑的情绪会让你在心理上产生疲惫，诸如兴奋、得意与热情等情绪也是高强度情绪，也能让你精疲力竭。没错，无论你是兴奋过度还是充满了愤怒，两种状态都会引起高度生理唤醒，激活你的神经系统。在一整天或者一整周里让你的神经系统一直处于不堪重负的状态，会让你精疲力竭。

美国斯坦福大学的蔡珍妮（Jeanne Tsai，我有幸在她的文化与情绪实验室担任助教）对这一课题进行了广泛研究。她发现，当美国参与者被问到他们想要的理想感觉时，他们可能会列出诸如兴奋、振奋等高强度情绪（与诸如冷静、宁静等低强度情绪相对应）。如果你是依靠对压力的反应来做事情的人，冷静对你来说也许不是一种常见的情绪体验，但却是一种非常重要的体验。当你冷静时，你的神经系统不会被激活，因此你的精力就得以保留。这并不是说你应该避免高强度情绪。我想表达的是，你应该巧妙地处理高强度情绪。例如，如果你发现自己在一天中体验了一些高强度情绪，你需要冷静一点来平衡一下。这会给你带来稳定的精力，以及更好的专注力。利用我在本书第二章中介绍的一些正念技巧，你可以很轻松地让自己的神经系统平静下来。

- 制作"不办事项"清单。你知道那种可怕的感觉：划掉待办事项清单中的所有事情，却发现它很快再次排满。尽管待办事项清单帮助我们管理任务与责任，它们只是整个问题的一方面。知道你不想做什么事情同样重要，甚至更重要。在你"不办事项"清单上的事情，应该是非必要的、让你精疲力竭和/或不符合你的指导原则的活动。将你的"不办事项"清单视为责任伙伴，它可以提醒你有意识地决定那些不值得你付出精力的事情。简而言之，在待办事项清单上选择那些需要做和不需要做事情的过程，应该基于你对自己价值观、持久原则，以及想要管理精力的方式的清醒认识。

情绪敏锐度：捕捉你的情绪信号

我们必须冷静下来，重新感受。

——史蒂芬妮·杰尔马诺塔（Lady Gaga）

1955年12月1日，在美国亚拉巴马州蒙哥马利市（Montgomery Alabama），罗莎·帕克斯（Rosa Parks）坚定地坐着："不，我绝不。"在实行种族隔离措施的公交车上，当司机让她站起来让出自己的座位时，这是她的回应。这句话在推动美国民权运动方面有着重大意义。与普遍的观点相反，罗莎·帕克斯并非只是一个谦和的女性，在某个关系重大的一天，最终挺身而出维护自己的权益。罗莎是早期活动家，有着自己明确的个人目标。尽管罗莎的勇敢行为源于她的持久原则，但也是她的情绪给她释放信号，这位公交司机要求她做的事情不符合她的持久原则。当公交司机命令她从座位上站起来时，罗莎说："我感觉自己的决心就像冬夜盖在身上的棉被一样覆盖着我的身体。"在引导她忠于自我、目标和价值观方面，罗莎的情绪敏锐度发挥了作用。实际上，当她谈到自己被捕时，她说："在我被捕时，我只知道，这是我最后一次乘车遭到这种羞辱。"这种羞辱的情绪体验给她提示，这无论如何都是不好的体验。在这个历史性的日子里，这种情绪促成了对她和历史都有利的改变。

你多长时间会停下来一次，观察、确定与体验自己的情绪？如果有人让你对过去几个小时你所感受的各种情绪贴标签，你能做到吗？花点时间来浏览下列问题，评估你目前在生活中的情绪敏锐度水平。

- 你是否会定期注意自己的感受？
- 当你注意到自己的感受时，你能明白是什么导致这种感觉吗？
- 你能否用各种词汇详细描述自己的感觉？

- 你在体会自己的感觉时感到舒服吗？
- 你多长时间会将自己的感觉作为数据或者信息记录一次？

普通人在一天中会体会到各种不同的情绪。你可能在新的一天开始时感觉平静，然后匆匆参加工作会议，随后希望把工作做好，接着接到学校电话谈孩子的表现而感到失望和担心。在快节奏的工作与生活世界中，仅仅是找到时间与精力来清楚地识别我们的情绪就已经很难了，更别说对情绪的管理了。我们很容易将情绪仅仅视为背景噪声乃至麻烦事情，但是真实情况绝非如此。情绪没有对错或者好坏之分。感情是一种数据，向你发送重要的信号，这些信号涉及环境、人际关系、价值观、工作文化，以及你在生活中想要改变的事情。

情绪敏锐度能够接收情绪发送给你的重要信息与信号，明智地评估这些信息，然后根据这些数据有目的地采取行动。就像飞行签派员通过传递风、湍流及其他相关信息，帮助飞行员绘制清晰的飞行路径，你的情绪会为你提供强大的洞察力，帮助你时刻维持有意义的追求与原则。

获取用于了解和使用自己情绪的技能与知识，对于评估你的努力大有用途，也是你在工作与生活中维持稳定个人脉搏的关键。留意自己的情绪，你能够找到回应情绪的线索。《情绪敏感力》（*Emotional Agility*）的作者、该领域的思想领袖、心理学家苏珊·大卫（Susan David）说："情绪敏感力指察觉并接收自己的所有情绪，甚至从最困难的情绪中学习。"

朱利安（Julian）带着很重的南方口音轻声说："又是我的腘绳肌腱，他们说二级扭伤。我认为他们高估了严重性。我的理疗师想让我休息。我却不想再错过训练。"他坐在我对面的椅子上，对比他的庞大身躯，这把椅子就像一个玩具。这是他作为专业运动员的第一年，他在努力等待身上的伤恢复。我培训了他一段时间，我发现他不断地强迫自己训练，远超出教练和团队为他安排的训练。

你的职业脉搏稳定吗？

"朱利安，听说你的腘绳肌腱又受伤了，我很难过。我无法想象这让人多么失望。我认为你还有两周的积极性恢复时间。你能告诉我你是如何受伤的吗？"

"我提前结束了积极性恢复，因为我感觉自己好多了。我告诉他们我的疼痛很轻微。我是一名足球运动员。每个人都有酸痛、肿痛症状。我只是感觉轻微疼痛，那不算什么。只是一点点疼痛，我需要训练。"

"你强烈地感觉到自己需要多一点训练，多一点努力。对吧？"

"是的，我过去一直在不停地训练。"朱利安停顿了一下，双臂交叉在胸前，用绝望的眼神看着我："我受伤了，因为我训练不足。吉门内斯博士。我还不够强大，我需要做的还很多。"

"朱利安，我想咱们应该停下来一会。我们能再深入挖掘一下吗？我想知道那种驱动你强烈进行更多训练的情绪。你能花点时间真正地坐下来，想一下这种情绪背后的驱动力吗？"

在近2分钟的沉默之后，朱利安说："我真的不知道，我没有思考过这种情绪。我想我害怕了。说实话，我感觉队友会认为我没有价值。每个人都比我更有天赋。我只是想继续留在队里。我总是通过超出每个人的训练来实现这一点。我需要做得更多来证明自己。"

这就是恐惧。这种强大的情绪来自严重的冒充者综合征。朱利安没有意识到也没有解决这种恐惧，被它支配着行动。恐惧迫使朱利安相信"多多益善"的观念，导致他训练过度，却低估了疼痛程度。在很长一段时间里，这种恐惧一直困扰着朱利安，使他远远超过了普通人的疼痛耐受范围。然而，这种表现水平正成为一种限制。如果不加以控制，他的恐惧会对他以及他继续踢足球的梦想造成严重影响。

需要注意的是，诸如罗莎·帕克斯感受到的屈辱感等情绪能够作为重要的信号，让我们知道一些事情是非常错误的；而恐惧等其他情绪有时则发出重要的危急信号。恐惧天生是来保护你的。正是恐惧让我们人类生存繁衍。然而，在当今世界，恐惧并不总能起作用，正如畅销书作者伊丽莎白·吉尔伯特（Elizabeth Gilbert）在我对她的一次网络研讨会采访中准确地描述："'恐惧'是非常忠实又非常聪明的保镖。"拥有稳定脉搏的人明白，敏锐地意识到自己的情绪信号至关重要，以便于对其进行评估与回应。拥有稳定脉搏的人能够识别出有益信号和发送假警报的信号。他们明白情绪是一种强大的机制，如果使用得当，这种机制能够帮助他们评估努力，一直维持稳定个人脉搏。

令人遗憾的是，我们似乎已经提出了无数的技巧、窍门与建议来避免这些情绪。我们转移自己的注意力，麻痹自我。我们保持忙碌。克服它。感觉好多了。只保持良好氛围。积极思考。不允许消极性。你可能听到过所有这些短语。它们反映了一个日益严重的问题，也就是我所说的"有毒的正能量"。当我们试图否定对某种情况的真实情绪或者真实感受，而仅仅用"感觉良好"的情绪来取代它们时，有毒的正能量就会出现。

竭力拒绝或者避免可能引发消极情绪的想法，听起来很不错，对吧？当我们在工作中遇到困难项目或者情况时，这不是有助于保持士气吗？为了更高效，我们不都应该想着事情光明的一面吗？创新的解决方案，不正是来自积极地想象有着无限可能性的未来吗？

并非如此。

试图避免积极情绪之外的情绪，很大程度上会适得其反。学员问过我无数次："我如何才能让焦虑永远消失？"讽刺的是，我们越是试图压制不想要的情绪，它们越强烈。研究显示，避免困难本身会导致更多问题。想一想上次有人担心某事，而你告诉他"冷静下来"是什么时候。这对他起多大作用呢？研究表明，"接受"而不是"拒绝"情绪，实际上能够帮助我们更好地化解情绪，并随着时间推移而减少消极情绪。当我们过于依赖"有毒的正能量"时，我们很容易错过，甚至有时完全否认重要的痛点与问题——而这些正是我们明智地评估自己努力所需要看到的东西。

在当今复杂的工作世界中，情绪同样重要，却被严重低估了。我们往往希望自己的领导显得自信，因为自信很重要。但是在这个过程中，我们不知何故将自信等同于少有情绪。我们错误地以为，情绪会阻碍做出合理判断，进而简单地做出消除情绪的错误决定。问题是，我们是人而非机器。我们生来就是要感受的。

情绪是刻在我们DNA里的一项重要特点。情绪与理性思考并非相互排斥的，二者的结合才是真正的觉察所在。正如著名精神病学家卡尔·荣格曾经说过的那样："如果智慧占主导地位，思考与情绪之间就不会有冲突。"拥有稳定脉搏的人明白，保持思考与情绪的二元性是明智决策的关键（图5-3）。他们知道，过犹不及，通过否定或者极力减弱来禁止情绪的出现或者存在，会遮蔽真实体验，让他们更容易出现盲点。而且，他们意识到，平衡逻辑性与情绪能够让他们保留作为思考与情绪生物的完整自我。

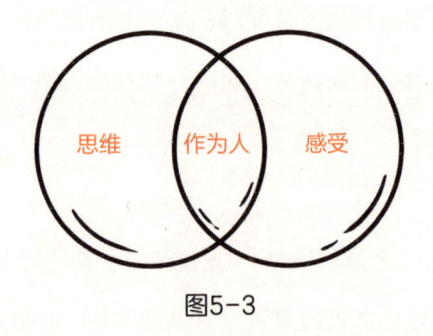

思维　作为人　感受

图5-3

尤其是在工作环境中，否认情绪可能会产生重大影响，在涉及人际关系与同理心等情况时尤其如此。体验失败、爱情、悲伤、喜悦与痛苦，正是人性的一部分。尽管并非所有情绪都会让人感到舒适或者愉悦，但它们极其重要，因为通过这些情绪，我们才能分享自己共同的人性。例如，无论我们彼此之间有多少差异，我们在听到关于失去的歌曲时，都知道这是一种什么样的体验。在人生旅途中，我们都能体验到一些情绪；正是情绪让我们在面临差异时变得相似。但令人遗憾的是，有毒的正能量告诉我们，只有对观点或者意见的积极情绪与反应才是安全而且有保证的："这里没有你的空间！对于我们所持的真正好观点来说，你就是扫兴的人。我们不希望你有不同的意见，或者不舒服的情绪。你太消极了。"这种论调扼杀了进行真实、公正与真实谈话的重要机会。

哈佛商学院教授艾米·埃德蒙森（Amy Edmondson）创造的"心理安全"一词，被认为是工作场所中高绩效团队最重要的预测指标之一。埃德蒙森将心理安全定义为"一种共同的信念，即相信在团队内的人际关系是安全的"。经证明，心理安全能够显著地提高协作、幸福感、工作效率、创新、创造力等。然而，心理安全要求团队成员感觉自己能够直言不讳，委婉地表达不同意见，或者提出异议，而不必担心被阻止。相反，有毒的正能量发出微妙但清晰的信息，即除了积极性之外的其他事物没有立足之地。它没有给困难事项、真实对话与可贵的分歧留下空间。有毒的正能量还会压制个人意见与情绪水平，使团队成员掩盖他们的真实想法与感受。

简而言之，否认你的情绪就像是拥有一件超级难用的工具，无法有效帮助你成为更好的领导者、同事或者队友。当我们获得情绪体验时，我们对客户、合作伙伴、队友与员工释放出同情心。而反过来，接受情绪使我们朝着为自己和工作解决问题、创造有效解决方案前进。如果你想拥有稳定的个人脉搏，尤其是在这个充满不确定性与复杂性的工作与生活世界里，你必须努力通过调节而不是消除情绪来建立核心的情绪敏锐度能力。

你的职业脉搏稳定吗？

如何增强情绪敏锐度

第一步：形成你的情绪粒度。

你是否曾经尝试过学习另一种语言，而且有过努力想出一个单词，但无法确定真正自己想使用的单词的经历？在这种情况下，你很可能使用相似的词而非准确的词进行替换。无法按照自己想用的方式来完整地表达自己的意见，这种感觉会让人很失望。这一过程同样适用于情绪。

当你无法表达、分辨或者标记自己的情绪时，就会出现情绪障碍症。情绪敏锐度与这正好相反，建立这种核心能力，在很多方面就像是在学习一门新语言。你必须扩展自己的情绪词汇，以更好地了解自己的情绪。心理学家、神经科学家莉莎·费德曼·巴瑞特（Lisa Feldman Barrett）对情绪粒度的概念进行了广泛研究，将其描述为"拥有精细调谐的情绪"。情绪粒度并非只意味着拥有丰富的词汇。你应少使用诸如愉快、惊恐、悲哀或者生气等宽泛的情绪词汇，而是用更微妙的词语来描绘你的情绪，这样你能够更准确地体验世界与自己，如图5-4所示。

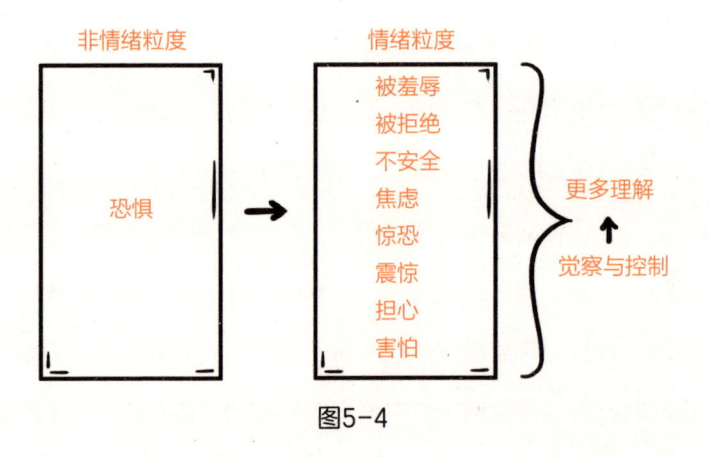

非情绪粒度		情绪粒度	
恐惧	→	被羞辱 被拒绝 不安全 焦虑 惊恐 震惊 担心 害怕	更多理解 ↑ 觉察与控制

图5-4

用更多的词汇来描述自己的情绪，能为你提供更广的选择范围，让你去了解并最终回应自己的感受。你的情绪词汇越丰富，就越能够准确地说出并了解自己的感受。这反过来会增强清晰性与觉察，并最终以最有效的方式来控制对自己情绪的回应。换句话说，建立情绪粒度为你的大脑提供了更精密的工具来处理难题。这种能力有许多已经证实的好处，包括对消极情绪处理能力增强，病愈加快，情绪的调节与管理能力增强，看医生次数减少，生命更长，更健康。

培养情绪粒度的最快方式是直接查询情绪词汇表。语言中存在着无数的情绪词汇。找到那个最能与你产生共鸣的词汇。我建议使用普拉切克（Plutchik）的情绪之轮，它说明了主要情绪之间的关系，包括喜悦、信任、恐惧、意外、悲伤、期望、愤怒、厌恶及其他更微妙的情绪。无论你选择哪个词汇表，将其打印出来，存到你的手机上，或者将它挂在容易接触到的地方。下一次当你出现某种强烈情绪时，花点时间暂停一下，拿出列表，找到你感受到的具体情绪。

另一种有效的做法是每周学会一个新的情绪词汇。我有一个学员甚至为自己制作了情绪词汇确认卡，他在正面写出主要的情绪，然后在背面列出所有相关的微妙情绪。这能够帮助他熟悉自己所能够确认的广泛情绪背后的情绪粒度。我们的主要目标是，让你能够进一步了解随着时间推移所能感受的微妙关系。

第二步：花点时间考虑你的情绪释放什么信号。

在新的工作世界，我们有时忙碌不止，没有时间停下来体验与了解我们在任何给定时间可能感受的情绪。那么，与其试着去捕捉自己正在发生的情绪，不如在一周中设法有意留出时间，来检查自己的情绪。我的一些学员在每个工作日结束时检查自己的情绪。其他一些人在日程表上每周设置5分钟的等待时间，去接收并倾听他们的情绪。不管怎样，我鼓励你去考虑情绪会对你反映出什么内容。

尽管你很容易认为，第一个进入脑海的情绪词汇就是你正在体会的情绪，但我鼓励你额外花点时间考虑这是否实际上是你的准确情绪。这一步很小，却非常有助于你适当地解决情绪。孤独可能告诉你，你需要与他人保持联系。怨恨可能告诉你，你需要检查自己的界限。羞愧可能告诉你，你需要进行一些自我关怀。痛苦可能告诉你，你需要原谅。恐惧可能提示你不知不觉相信并需要正确认识的事情。喜悦可能告诉你，你在正确的道路上。内疚可能告诉你，你需要重新考虑自己的行动。信任可能告诉你，冒险也没什么不好。

吉门内斯博士的教练诊察台 ▶▶

如何倾听情绪，平静下来

我的一位学员睡眠困难，凌晨三点时会完全清醒，下床在房子里徘徊。在我们会面时，我让她思考一下无法入睡时是什么感受，以及她可能做出的反应。起初，她认为自己可能是对某件事情感到压力，但这似乎不符合，因为她没在任何工作方面落后。接下来，她感到可能是忧虑，但这也不适合，因为她没有做任何危险的事情。接下来她考虑是神经过敏，但是她当时也没有感受到太多的不确定性。我们全面考虑了各种情绪，从焦虑到恐慌，再到恐惧，最终归结为不知所措。一锁定这个词汇，我就发现她的表情变得柔和了。准确定义她的确切情绪这一简单作法，让她轻松了很多。然后，我问她不知所措的情绪体验向她发出了什么信号。她能够确定情绪在警告她，她做了太多的承诺。她从早上一直到深夜，被各种预约占满了。情绪向她发出了放慢脚步的警告信号。确定并列出她的情绪，使她能够评估自己的努力，确定有益的前进道路。她决定放下手头的事情。

第五章 评估努力

> 现在想象一下，如果她没有努力去了解自己情绪的细微差别，以及她的情绪在努力告诉她什么，她可能错过了尽早纠正错误的机会。

记住，你的情绪就像你的飞行签派员，想要确保你利用最少的努力，绘制出最合适的飞行路径。

为了接收情绪发送给你的信号，你需要问自己一些问题：

- 我现在真正的感受是什么？
- 这种情绪的名字是什么？
- 这种情绪（或者多种情绪）可能向我发出什么信号？
- 我需要做些什么来回应这些重要信息？

将评估努力的三个"E"结合起来

通过持久原则、精力管理与情绪敏锐度，你拥有一个功能齐全的个人仪表板，能利用更多目标、目的与觉察来真实地评估你的努力。我们的主要目标是，找时间使用与融合这些个人脉搏技能，以获得最大的益处。

在向学员解释这一点时，我喜欢使用去看眼科医生的比喻。如果你做过视力测验，你就会知道坐在大型综合屈光检查仪后面的经历。当你坐着并通过设备朝外看时，医生会一边改变镜片与设置，一边问你哪个镜片会让你看起来更清晰或者更好一点，根据你的回应不断调整镜片度数，以便给你提供最合适的镜片。同样地，当你通过持久原则、精力管理与情绪敏锐度的组合"镜片"来评估自己的努力时，你实际上是在创造条件，以便做出最明确的专注努力，如图5-5所示。

你的职业脉搏稳定吗？

评估努力的三个"E"　　　组合工具　　　明确的专注努力

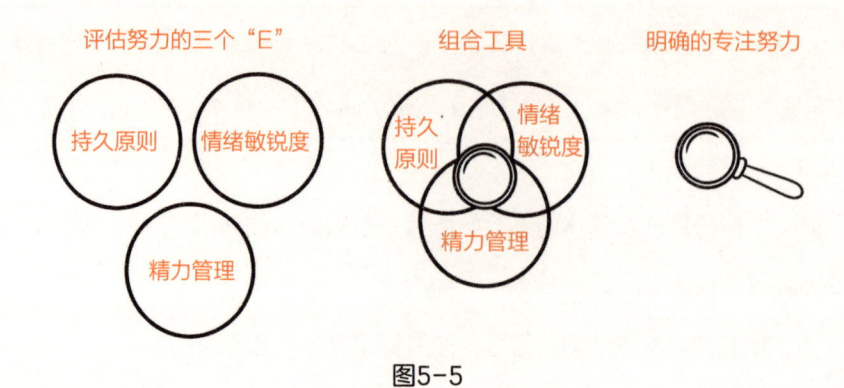

持久原则　情绪敏锐度

精力管理

图5-5

在理想情况下，你应该同时使用个人仪表板的各个方面。就像我在本章开头时使用的放大镜的比喻，当你强化并集中精力时，你能够在掌控优先事项和精力的同时，产生更大的影响。为了确保你将评估努力的三个"E"融合起来，最好的方法是什么？不是把所有精力都浪费在一大堆竞争性优先事项上，而是要每天试着拥抱具有稳定脉搏形式的"繁重工作"。

- 了解你的情绪。
- 在需要时补充你的精力。
- 让你的生活与工作充满意义。
- 留意什么会补充以及什么会消耗你的精力。
- 全身心遵循你的下列原则。

图5-6总结了整个过程。

持久原则：让目标成为指南

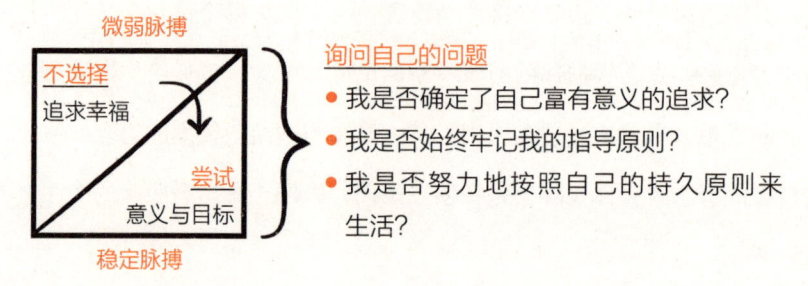

微弱脉搏

不选择　追求幸福

尝试　意义与目标

稳定脉搏

询问自己的问题
- 我是否确定了自己富有意义的追求？
- 我是否始终牢记我的指导原则？
- 我是否努力地按照自己的持久原则来生活？

精力管理：管理精力，而不只是管理时间

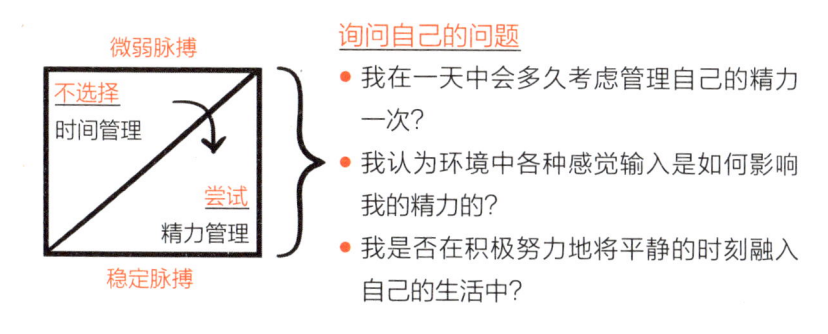

微弱脉搏

不选择
时间管理

尝试
精力管理

稳定脉搏

询问自己的问题
- 我在一天中会多久考虑管理自己的精力一次？
- 我认为环境中各种感觉输入是如何影响我的精力的？
- 我是否在积极努力地将平静的时刻融入自己的生活中？

情绪敏锐度：捕捉你的情绪信号

微弱脉搏

不选择
有毒的正能量

尝试
拥抱自己的情绪

稳定脉搏

询问自己的问题
- 我是否会定期注意自己的感受？
- 我是否能用大量词汇来描述自己的感觉？
- 我多长时间会将自己的感觉作为数据或者信息记录一次？

图5-6 评估努力的三个"E"

在新的工作世界中评估努力

"多多益善"的迷思是非常真实而且令人难以抗拒的。在许多方面，对你感到兴奋的机会说"是"更容易而且更舒服（至少在最开始），你不会停下来考虑它是否符合你的持久原则，它会如何影响你的精力，或者你的情绪可能会向你传达什么信号。我向你保证，最初看到潜在机会溜走，你肯定会感觉非常不舒服。但是我还可以保证，在多年培训生涯中，很少有人对我说："我后悔做得少了。"我的大多数学员（虽然不是全部）报告说，伴随着说"不"的不

舒适感而来的是深深的解脱感。他们告诉我,随着时间推移,他们开始在生活中体验到了更强的控制感,他们的决定变得更容易,而且他们开始变得更专注。

和本书中的大多数稳定脉搏核心能力一样,评估努力与你在工作和生活中习惯使用的方式相抵触,而在过度联结且一直推崇"多多益善"的世界里尤其如此。构建个人仪表板不会在一夜之间完成,但是慢慢会变得越来越容易。最重要的是,这样做是很值得的——过一种有意义、有影响,而且能够带来满足感的生活,同时在情绪和精力上感到平衡,胜过任何忙碌而茫然的一天。

第六章
稳定脉搏之路

你的职业脉搏稳定吗？

● 将脉搏能力结合起来：你的恢复力工具箱

对人类世界的救赎只存在于人心。

——瓦茨拉夫·哈维尔（Vaclav Havel）

祝贺你来到了本书中我希望成为你积极变化核心的部分。正是在这里，你将能够利用你所学到的五项脉搏恢复能力有关的知识，开始踏上稳定脉搏之路，在新的工作世界里朝着持久活力与持续成功前进。

我鼓励你将这套完整的核心能力视为你必须拥有的恢复力工具箱（图6-1）。这个工具箱一共由15种不同的稳定脉搏技能组成，可以解决你工作中遇到的方方面面的问题——你如何表现、思考，如何提高体能与精神储备，与他人联结，利用你的情绪。通过实现这些个人脉搏技能，你可以持续发展并增强你的核心恢复能力。记住，这些是你在未来几年可以依靠的持久技能，能够让你在工作世界不断发展与改变的情况下，维持稳定个人脉搏并维持你的持续成功。

我知道初看起来这似乎很多。阅读完我在本书中详细介绍的所有内容，努力吸收这些内容并发挥他们的作用可能会让你感觉有点不知所措。不要担心，我最不想做的就是鼓励你屈从于"多多益善"的观念。你绝对不必一次将所有这些行为都融入你的生活中。尽管我相信这五种脉搏能力是在工作与生活中建立稳定脉搏的基础，但增强这些核心能力却可能各自不同。我鼓励你将这些个人脉搏技能视为弹性生活的"元素周期表"，其中有很多"化合物"供你使

你的五项核心能力

行为	认知	身体	社交	心理
P	**U**	**L**	**S**	**E**
行为节奏	整理思维	充分利用闲暇时间	获得支持	评估努力
用一种不会耗尽你精力的方式促进你的个人与职业成长。	训练你的大脑，避免无用的思维模式。	找到最能保护与补充你精力的最优策略。	建立稳健的系统，提高思维与适应性的多样化。	重新掌控你的时间与优先事项。

你的个人脉搏恢复技能

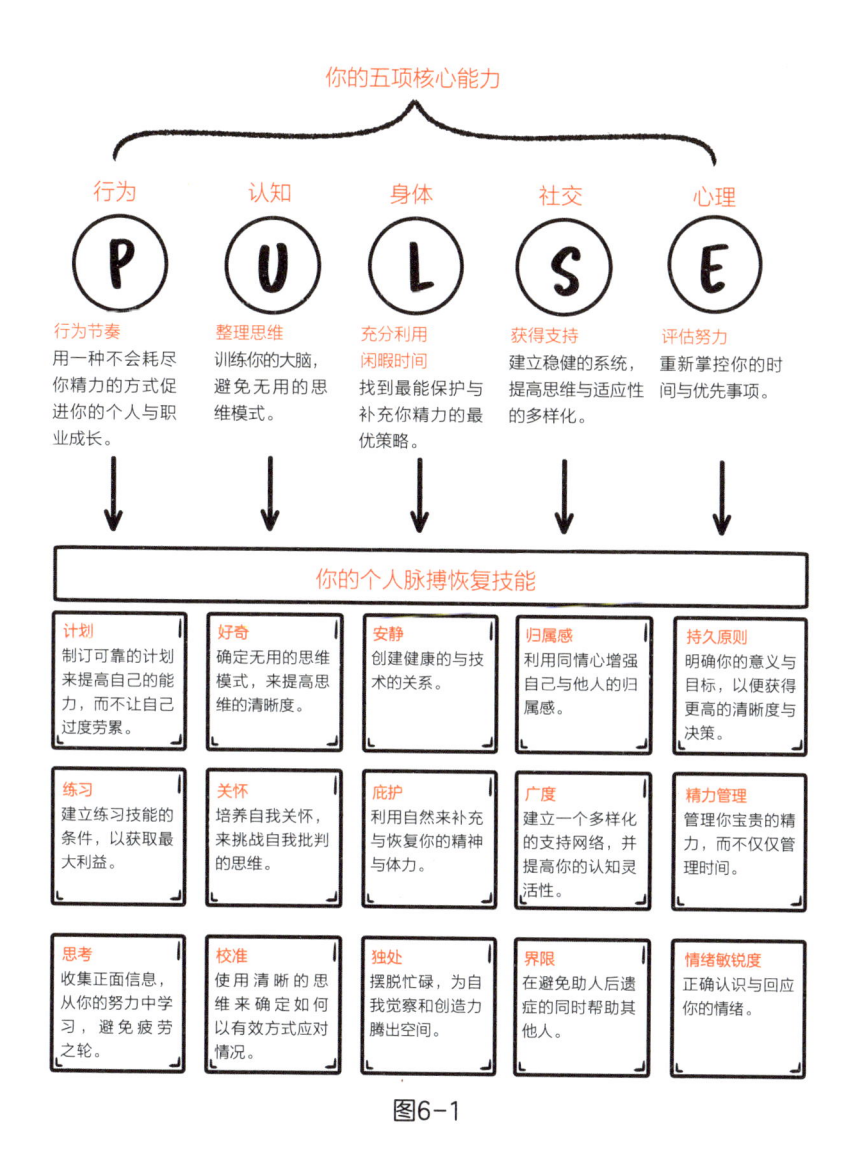

计划	好奇	安静	归属感	持久原则
制订可靠的计划来提高自己的能力，而不让自己过度劳累。	确定无用的思维模式，来提高思维的清晰度。	创建健康的与技术的关系。	利用同情心增强自己与他人的归属感。	明确你的意义与目标，以便获得更高的清晰度与决策。

练习	关怀	庇护	广度	精力管理
建立练习技能的条件，以获取最大利益。	培养自我关怀，来挑战自我批判的思维。	利用自然来补充与恢复你的精神与体力。	建立一个多样化的支持网络，并提高你的认知灵活性。	管理你宝贵的精力，而不仅仅管理时间。

思考	校准	独处	界限	情绪敏锐度
收集正面信息，从你的努力中学习，避免疲劳之轮。	使用清晰的思维来确定如何以有效方式应对情况。	摆脱忙碌，为自我觉察和创造力腾出空间。	在避免助人后遗症的同时帮助其他人。	正确认识与回应你的情绪。

图6-1

用。混合搭配这些技能，能够为你找到理想的恢复技能组合。

我写本书不只是为了给你提供信息。我也是为你提供一套全面的实用而且可操作的工具，使你以符合自己独特情况与精力的高度个性化方式构建稳定脉搏。大多数成长与发展计划都是为平均水平的人设计的，这意味着它们往往对一些人来说太多了，而对于另一些人来说却不够。相信我，我已经读过太多职

你的职业脉搏稳定吗?

业发展书籍,许多都推荐通用的、适合所有人的方法。然而,如果说我从自己培训各行各业的人的数千小时中学到了什么,那就是构建个性化的恢复方式对于摆脱职业倦怠是绝对必要的。通用的、适合所有人的方法在这里不适用。

你是唯一的存在,有着自己的需要、情况、生活因素、工作文化、工作压力源及生活经历。没有人比你更了解自己。同样地,我相信成功有无数的定义,你应定义你自己的成功,而不是社会给予你的成功。找到个人脉搏恢复技能的适当组合不是一蹴而就的事情,我希望你随着时间推移不断地重新调整,合理地改进并提升这些技能。我的大多数学员告诉我,走上稳定脉搏之路的益处最终会转化为一组令人愉快而且增强身心健康的技能。我希望你也能体会到这一点。用苏格拉底的话来说:"正如有的人喜欢改良自己的农场,而另一个人喜欢他的马一样,我喜欢每天致力于自己的改进。"

现在,你已经了解与试验了本书所概述的每一项个人脉搏技能,是时候关注这些此刻在你生命中对你产生最大影响的部分了。在评估努力的过程中,我鼓励你花点时间停下来去思考这些问题:

- 我对哪一章节最为兴奋?
- 我对哪种概念最感兴趣?
- 在五项脉搏核心恢复能力中,我自己想思考,以及想与朋友、同事或家人谈论哪一项?
- 在五种关于职业倦怠的迷思中,哪一种最能引起我的共鸣?(作为参考,你可以在下面的方框中找到这五种迷思。)

关于职业倦怠的迷思

"奇才天生"的迷思。这一观念认为天赋是导致一些人比其他人获得更多成就的主要原因。

> **"心理韧性"的迷思。**这一观念认为精神恢复力是天生就有或无的一种能力。
>
> **"马不停蹄"的迷思。**这一观念认为你必须不断提高工作效率,以保持自己的竞争优势。
>
> **"单打独斗"的迷思。**这一观念认为成功的人主要是靠独立以及依靠自己而成功。
>
> **"多多益善"的迷思。**这一观念认为承担更多任务会提高你的成功概率。

思考这些问题会帮助你确定在当前及未来生活中最想提高的脉搏能力。一旦确定了自己想要关注五种脉搏能力中的哪一种,你就可以确定对你最有意义的个人脉搏技能,重视自己既定的独特环境、实力与目标。这在很大程度上是"选择你自己冒险旅程"的过程。你可能确定自己需要在生活中更多关注行为节奏而非获得支持,而其他人可能需要更多练习评估努力,以及充分利用闲暇时间。以下是学员目标,以及他们相应的个人脉搏技能组合的一些实例。

实例1:

严重问题陈述:	我太累了,想要恢复活力。
确定需要的脉搏核心能力:	评估努力+充分利用闲暇时间。
个人脉搏技能组合:	持久原则+精力管理+安静+庇护。

实例2:

严重问题陈述:	我正与愤世嫉俗做斗争,我在生活中需要更丰富的人际关系。
确定需要的脉搏核心能力:	获得支持+充分利用闲暇时间。
个人脉搏技能组合:	归属感+广度+界限+持久原则。

实例3：

高级问题陈述：	我感觉自己不容易接受新事物。
确定的脉搏核心能力：	行为节奏。
个人脉搏技能组合：	计划+练习+思考。

实例4：

高级问题陈述：	我一脱离手机就会感到极度焦虑。
确定的脉搏核心能力：	充分利用闲暇时间。
个人脉搏技能组合：	安静。

你的目标是找到最符合你当前个人与职业目标的个人脉搏技能的适当组合。选择你认为切实可行的技能，不管是多是少。我的希望是，你能更多地将本书看作操作手册。不但现在你能用这个弹性工具箱来提高你的活力，而且将来你遇到新的挫折或者生活变化时还能重新搭配这些技能来克服职业倦怠。我希望你能定期拿起工具箱，浏览一下，重读各个章节，收集指示与提示，并且随着生活环境的变化试验各种脉搏技能。记住，这里的工具箱会为你长期提供服务。本书磨损得越严重，页面中做的标记越多，效果就越好！

强调一下，稳定脉搏之路并不一定是更容易的途径。维持这组固定的恢复能力并非是应急解决办法。成为拥有稳定脉搏的人需要努力与奉献。这种工作和生活的新方式，与你习惯于相信的成功因素相抵触。我可以保证，将这些新的行为、技能与思维模式融入你的生活方式之中，你有时候会感觉不舒服。你要试着将这种不舒服的感觉视为成长的迹象。在任何时候，只要颠覆传统，你就会遇到阻力，尤其是你内心的阻力。当你认为自己设法到达了新的活力与平衡，放心，本书中概述的关于职业倦怠的迷思就会开始在你的耳边低语，试图强迫你再相信它们一次。是否相信这些观念取决于你以及你身边为你提供支持来保护与滋养你个人脉搏的人。"人生过山车"的每次循环、下降、上升与转弯，都会带来许多偏离正轨的机会，也会让你重视这套固定的核心能力，使你根据需要维持可靠与稳定。

尽管稳定脉搏之路需要奉献、责任及承诺，但这种努力是值得的。我坚信在当今永远变化的工作世界里，要想过上真正成功的生活，你需要的不仅仅是勇气。没有一套固定的核心恢复能力，你可能伤害自己，破坏你对世界与自己生活产生影响的机会。你会精疲力竭、忙忙碌碌、不知所措，简而言之就是出现职业倦怠。你可以选择一种更好的方式。稳定脉搏之路让你在生活与工作中充满活力，并且使你稳定的个人脉搏持久稳定跳动。

在做职业发展规划时，我们往往会想到心理突破，但我认为通过回归到使我们作为一个物种生存的东西，即人类的核心能力，来解决令人震惊的全球性严重职业倦怠，能够带来更深刻的变化。面对不断的变化与创新，拥有一套核心能力能在我们心里创造出更深的觉察，以及新的活力。实际上，希腊人有一个词"皈依"（metanoia），表示"心理上的彻底变化或者转变"。我们要摆脱社会重压告诉我们的必须做得更多、成就更多、更加忙碌、工作更多，找回发现真实自我所需要的空间。而且，我们的内心越安静，我们向世界展示的安静也就越多。于是，我们在工作、家庭、社区与生活中表现得更积极，更有活力，更富有同情心，而且更高效。你自己、你的社区、你的工作场所，以及你的客户都会从中获益。通过选择稳定脉搏之路，你就开始了一段旅程，让你自己和内心意识到持续成功的真理。新的工作世界也就因此而变得更好。我建议你开始踏上这条路！

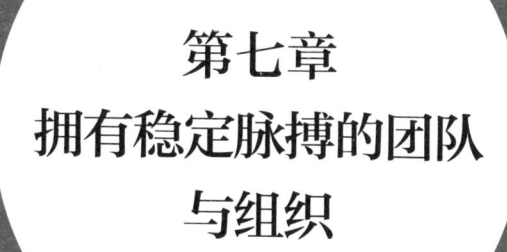

第七章
拥有稳定脉搏的团队与组织

● 建立恢复力强的工作场所与团队

照顾好你的员工，他们就会照顾好你的生意。道理就是这么简单。

——理查德·布兰森（Richard Branson）

在本章中，我将脱掉教练帽而戴上顾问帽，因此如果你发现语气上有细微变化，这就是原因所在。我选择这样做，因为这是培养恢复力强的人、团队与组织流程，防止出现职业倦怠的系统方法。正如我在引言中所说的那样，员工处于每个组织的核心位置。

公司由人员系统组成。组织的恢复力取决于个人、团队及组织层面的相互联系。换句话说，一个组织是否强大，与它的人员、团队及文化直接相关。通过加大力度培养超越个人层面的恢复技能，我们能创造出互相支持的流程。增强工作环境的功能，促进与培养基于恢复力的技能，会为个人和团队的成功创造更多的机会，而这反过来也会促进组织的持续成功。

相比之下，仅仅关注个体员工恢复力的计划，往往不会考虑团队与整体工作环境可能对人的健康产生的影响。关于职业倦怠的研究提供明确一致的证据，说明职业倦怠的根源已从个人延伸到工作环境。丹麦哥本哈根大学的珍妮·斯卡肯（Janne Skakon）及同事经过30年研究发现，领导者对被领导者的情感幸福感、工作满意度及工作压力有着显著影响。研究人员希尔德·赫特兰（Hilde Hetland）及同事研究了感知领导力如何影响信息技术部门的职业规划，发现就职业倦怠而言，"对消极领导行为的感知比对积极领导风格的感知更为重要"。另外，研究还发现在专业人士之间，组织因素在职业倦怠的发展过程中起着关键作用。克里斯蒂娜·马斯拉奇与迈克尔·莱特的广泛研究发现"工作场所的结构与运行，塑造着人们相互影响以及开展工作的方式。当工作场所没有考量工作的人性化一面时，职业倦怠的风险就会增加，这往往会带来高昂的代价"。简而言之，如果公司未能培养出提高恢复技能的团队领导者与工作场所，就错过了职业倦怠问题的重要部分。

当今的工作世界充满动荡与变化。为了在快速变化的环境中取得成功，组织与团队必须使用一套不同于其前辈们的技能。记住，职业倦怠不会区别对待，它影响着各种规模与行业的组织。培养拥有稳定脉搏的人与团队的投资，不仅能够为你的组织创造持续成功，还能够让人成功适应新的工作世界，在其中获得成功。

为什么拥有稳定脉搏的组织在新的工作世界中具有竞争优势？以下是4个关键原因。

1.光有敏捷性是不够的。

考虑到工作场所正在以惊人的速度发生变化，团队与组织需要不断提高适应性与灵活性。然而，尽管你因此想要专注于培养敏捷性，你可能会惊讶地发现，拥有敏捷团队与组织文化只是在工作世界里获得持续成功的一个挑战。

研究发现，只建立敏捷性而缺乏恢复技能，会产生意想不到的负面后果。换句话说，仅仅在你的团队及组织中建立敏捷性是不够的。一项对2000名全职成年人的科学调查发现，具有高敏捷性、低恢复力的员工有较高的患上抑郁（27%）与焦虑（54%）症的风险。而且这些人的缺勤率每年也增加了5.7天。此研究还显示，当你将敏捷性与恢复力结合起来时，会产生极大的倍数效应。该研究特别指出，那些同时拥有高恢复力与高敏捷性的人，有78%的可能会找

你的职业脉搏稳定吗？

出新技能，并跟上相关创新的步伐。此外，研究显示，高恢复力的人的创造力高出平均水准30%，而且"高恢复力的人有超过28%的可能性更能适应变化的环境，而且在重要的敏捷属性上得分显著更高"。从本质上讲，恢复力与敏捷性结合能够提高员工敬业度，而具有敏捷性却很少或者没有恢复力会让你的员工处于职业倦怠的风险中。

2. 绩效、保留率与敬业度。

毫不奇怪，研究报告显示职业倦怠与保留率之间的强大联系，保留率和业务成本共同对团队的士气及敬业度产生显著影响。在没有资源、支持与恢复力的情况下，人们可能会体会到拥有不稳定脉搏的组织文化或者团队的消极影响。

情绪压力与身体健康问题严重影响着人的积极性、工作效率与功能。这不仅会导致个人及团队敬业度与绩效的严重下降，还会影响组织的整体绩效。如果不加以控制，这些问题最终会导致人员流动。克罗诺斯股份有限公司（Kronos Incorporated）与未来工作室（Future Workplace）进行的一项研究发现，95%的人力资源主管报告说，员工的职业倦怠正在破坏着员工保留率。另一方面，员工的恢复力会带来较高的工作满意度、工作幸福感、组织认同感及员工敬业度。

3. 以人为本的品牌。

在新的工作世界里，提供免费食物、瑜伽课程及乒乓球桌等额外福利绝非人才争夺战中的制胜策略。顶尖人才重视被尊重，并寻求拥有以人为核心品牌的公司。实际上，75%的求职者在申请之前会考虑雇主的品牌。

远程工作变得越来越普遍，在新型冠状病毒传播之后尤其如此，工作与家庭之间的严格界限变得越来越模糊，在某些情况之下甚至已经没有了界限。顶尖人才不再将他们的个人与职业发展视为不同的两件事，而是想作为一个整体来工作与成长。我们知道，文化对于塑造组织的品牌很重要。在新的工作世界里，真正的竞争优势是拥有以人为本的文化，在这种文化中有才能的人可以展现他们最好的自我，完成有意义的使命，并获得成功。人们渴望可持续的工作场所实践，以及目标驱动的工作文化，而这些实践与文化都是非常重视员工幸福感的。他们不只是想待在能够降低职业倦怠风险的组织里；他们希望公司能够积极为增强活力及维持稳定的个人脉搏提供条件。

4.正确的做法。

尽管一些领导者可能会受到一些提高业绩和工作质量的商业案例的激励，而想建立拥有稳定脉搏的组织，但曾作为我学员的最成功的领导者与管理者都发自内心地关心员工的福利。对于他们来说，这是一个道德与伦理的问题。借用我之前一位学员（因为其领导能力而获奖）经常使用的评语：当你成为领导者时，你不仅要承担团队绩效的责任，还要承担团队健康的责任。

最高效的领导者真正相信，维持员工的恢复力是他们工作的基础。他们要求自己对员工的活力负责，而且希望看到员工表现出积极性、敬业度与稳定脉搏。他们不相信职业倦怠是个人的责任。相反，他们知道自己的表现方式、围绕建立某种企业文化所做的决定、日常与员工的交往方式，都会对人才的兴衰产生重大影响。承认责任的地方，才会出现充满活力、拥有稳定脉搏的组织。正如你在表7-1中所看到的，脉搏微弱的领导者的思维与行为会让个人和团队精疲力竭，缺乏创新，敬业度降低，而脉搏稳定的领导技能让个人与团队精力充沛，积极参与，富有创造力。

表7-1

输出	脉搏微弱的领导	脉搏稳定的领导
思维	"为了在新的工作世界中获得成功，建立敏捷性是最重要的。"	"为了在新的工作环境中获得成功，我的团队需要具备敏捷性与恢复力。"
	"我的职责是维持恢复力并了解他们的限制。"	"我有责任培养与鼓励核心恢复能力。这是双向的。"

▍你的职业脉搏稳定吗？

续表

输出	脉搏微弱的领导	脉搏稳定的领导
思维	"培养员工的恢复力是一项重要的商业策略。"	"培养员工的恢复力是一项重要的商业策略，也是我作为领导者工作的一部分。"
行为	忽视监督和/或鼓励员工的个人脉搏技能与努力。	定期监督与鼓励员工的个人脉搏技能与努力。
	当员工报告说感到过大压力，士气低落时，告诉员工，他们应该多睡觉、冥想，提高恢复力，而不是改变工作量、团队或组织条件。	不只是简单地消除会引发职业倦怠的因素，还积极地改善条件，促进个人、团队与组织的稳定脉搏的能力与技能。
结果	人员和团队变得精疲力竭，愤世嫉俗，效率低下。	人员和团队变得充满活力，敬业度高，效率提升。
	团队的创新与创造力下降。	团队的创新与创造力增强。
	绩效与敬业度降低。	绩效与敬业度提高。
	旷工率与流动率高。	旷工率与流动率低。

● 稳定脉搏领导力的核心要素

　　约翰·高特曼（John Gottman）是一位广受认可的心理学家，他深入的研究让他能够预测出哪些夫妻会和睦相处，哪些夫妻会离婚，准确率超过90%。他和同事发现，幸福与不幸福夫妻之间的区别在于冲突期间积极和消极互动之间的平衡。实际上，高特曼确认出维持幸福婚姻的"神奇比率"为5∶1。这就意味着，在稳定的婚姻中，每发生1次消极的人际互动，至少会发生5种积极的互动。当向学员解释这一点时，我通常会使用关系存钱罐的比喻。如果你不断地向存钱罐里存款而不是取款，当遇到挫折或挑战时，你可以靠着储蓄度过一段时间，而不是两手空空。

尽管你的组织或者团队不是处于婚姻关系，但他们有很多清醒时间在一起工作，处理着人际关系问题及其他问题。如果你能够向员工的恢复力银行账户积极存款，那么当你遇到工作压力或者变化时，就会有更多的储蓄可用于平衡这种逆境。领导者通过脉搏稳定的领导技能与策略，向组织与团队的稳定脉搏银行存入的资金越多，员工的恢复力就越强。

相反，当你忽视发展与维持公司的脉搏时，你就会发现自己的组织、团队与人员在面临挑战时负债累累。维持组织恢复力账户充足的关键是，通过图7-1所示的"拥有稳定脉搏的团队与组织的ABC"，每天提高稳定脉搏的条件与技能。领导者尤其要努力建立能够提升主体感（Agency）、善意（Benevolence）与团体感（Community）的条件、技能与策略，以提高团队的恢复力。

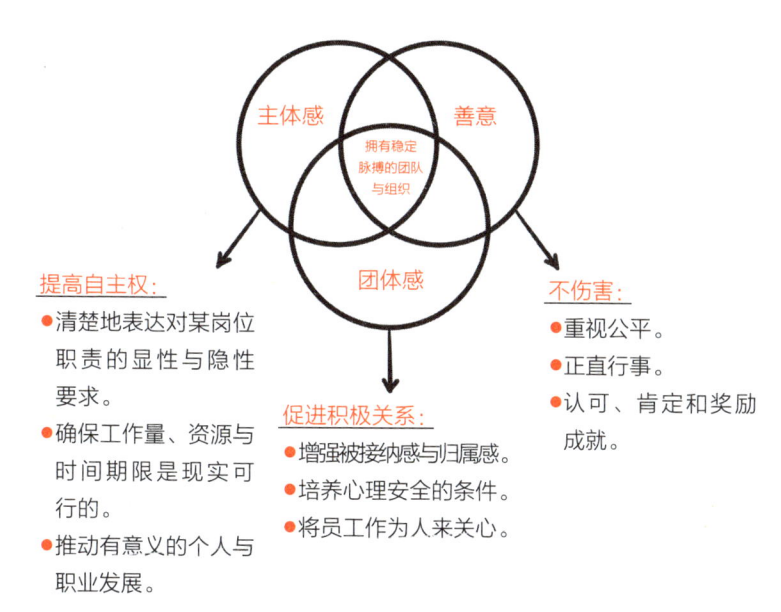

提高自主权：
- 清楚地表达对某岗位职责的显性与隐性要求。
- 确保工作量、资源与时间期限是现实可行的。
- 推动有意义的个人与职业发展。

促进积极关系：
- 增强被接纳感与归属感。
- 培养心理安全的条件。
- 将员工作为人来关心。

不伤害：
- 重视公平。
- 正直行事。
- 认可、肯定和奖励成就。

图7-1　拥有稳定脉搏的团队与组织的ABC

● 领导者能做什么

那么，领导者能做什么来为恢复力强的具有稳定脉搏的团队创造条件？很多要建立恢复力强的团队，最重要的因素之一就是领导者，因为领导者决定了团队参与度差异的70%。你的直接下属不是在真空环境下工作。无论何时，只要你将心理健康的人带到无法发挥他们核心恢复力的环境中，随着时间的推移，他们就会变得精疲力竭、愤世嫉俗、效率低下。当工作压力开始影响团队绩效与士气时，你是助长员工的职业倦怠的重要因素。

研究表明，领导者提高员工幸福感与恢复力的最有效方式之一，就是日常行动。研究显示，一个苛刻的老板往往会导致员工的许多身心健康问题（甚至包括心脏问题）。杰弗瑞·菲佛（Jeffrey Pfeffer）的《工作致死》（*Dying for a Paycheck*）一书引用贝瑞-威米勒（Barry-Wehmiller）的首席执行官鲍勃·查普曼（Bob Chapman）所说："根据梅奥诊所（Mayo Clinic）报道，就你的健康而言，你的工作汇报对象比你的家庭医生还要重要。"另一方面，研究表明，那些体贴、公正、支持他人的员工领导者，拥有更忠诚、敬业、有活力的员工。以下将深入探讨为了在主体感、善意与团体感三个维度上建立具有稳定脉搏的团队，你作为领导者或者管理者可以做的事情。

主体感：提高自主权

领导力不是指一个人或一个职位。它是一种人与人之间复杂的道德关系，以信任、义务、承诺、情绪以及共同美好愿景为依据。

——乔安娜·席拉（Joanne Ciulla）

导致职业倦怠的一个重要因素就是不切实际的工作要求。你和团队成员交流了多少，来确定你给他们的工作量是否太大、太紧急、太复杂或者资源不足？最重要的是，为了让你的员工掌控他们的工作方式与时间，你付出了多少努力？

遗憾的是，许多领导者一边对员工和团队施加要求，一边又消除了他们的掌控感，在工作环境中前后不一致，无意中削弱了员工与团队的脉搏。在没有员工参与或者没有解释背后理由的情况之下，设定不切实际的截止期限，重新安排商务旅行，在最后一分钟修改重要计划等，都会造成习得性无助。

当一个人连续面对无法控制的情况，最终停止尝试改变自己的处境，即使他其实已经有能力改变，这就是习得性无助。习得性无助由美国心理学家马丁·塞利格曼（Martin Seligman）与史蒂文·迈尔（Steven Maier）在1967年提出。他们对动物行为进行了研究，包括对狗进行电击。狗意识到自己根本无法躲避电击的折磨，于是在以后的试验中放弃尝试，即使这时它们其实可以通过跳过障碍来躲避电击。从本质上讲，无法控制的事件会对动机产生负面影响——如果你无法预测或者影响将要发生在你身上的事情，你最终会选择放弃。为什么要在你无法控制或改善的事情上付出努力呢？不仅如此，这种行为还会伤害士气，引起压力。

为了避免让你的团队走向习得性无助的道路，你必须优先考虑主体感。具体来说，我推荐以下管理练习。

1. 清楚地表达对某岗位职责的显性与隐性要求。

当员工不知道他们真正的责任，或他们的角色不清楚时，他们很难感到自己可以控制工作。根据盖洛普的《美国职场状态报告》（State of American Workplace Report），如果员工非常认可他们的工作描述与他们所做工作相符，他们积极投入工作的可能性是其他员工的2.5倍。不幸的是，只有41%的员工非常同意他们的工作描述与要求他们做的工作相符。如果你的员工被要求从事与描述的内容不相符的工作，这可能会成为一个重大问题。

你的职业脉搏稳定吗？

拥有稳定脉搏的领导者明白，提升员工主体感的关键在于通过做更多的事情来赋权，而不是简单告诉员工他们的工作是什么。他们清楚地描绘出了该岗位做好了该是什么样子，以及这个岗位如何与团队及组织目标保持一致。而且，拥有稳定脉搏的领导者让员工参与制定预期目标并定期检查，来确认他们已全面了解。如果面临优先事项或者策略重点发生变化，拥有稳定脉搏的领导也会与直接下属沟通，对工作预期目标与角色做出重新调整。他们不会认为让员工清楚自己的角色、工作类型以及对整个团队和组织预期贡献是理所当然的。

2. 确保工作量、资源与时间期限是现实可行的。

如果你的员工没有合适的资源或工具来完成工作，他们注定会感受到低主体感。无论是由于缺乏合适时间与设备，还是缺乏支持与材料，那些几乎难以实现的既定目标不仅会造成较低的管理水平，还会引起较高的压力水平。例如，工作量太繁重加上资源不足以及严格的期限，绝对不利于休息、恢复及成功。遗憾的是，盖洛普发现"每十个员工中，只有三个员工认同自己具备做好自己工作所需要的材料与设备"。这适用于有形资源（例如：办公用品、资助、库存与团队规模）与无形资源（例如：时间、知识产权、高管支持）。

你的员工想要在工作上取得成功，你的职责就是建立条件，让他们有足够的资源、时间与适当的工作量来取得真正成功。拥有稳定脉搏的领导不会坐视不管，而期望员工自己寻找资源，维护自己的需要，来应对工作量、资源与工作需要之间的不匹配。相反，他们会将员工聚集到身边，让他们参与制定目标，确认需要的资源，并确定工作量、工作复杂程度及时间期限尽可能地现实可行。此外，如有必要，他们会代表自己的团队努力争取更多的资源，并对团队公开说明他们能提供什么以及不能提供什么。

3. 推动有意义的个人与职业发展。

研究表明，缺乏发展与职业成长是员工离职的最主要原因之一。希望取得进步是人的本性。正是这种进化的生存动力，促使我们持续推动我们周围世界的进步。进步给我们带来成就感，这又带来主体感。反之，努力完成某件事，却从未取得有意义的进展，会导致挫败和习得性无助，最终导致职业倦怠。如果你想要留住员工并且让他们积极投入工作，你需要助推他们的个人与职业发展。然而，尽管这一点如此重要，盖洛普发现在全球范围内，每十个员工中只有三个员工非常同意，他们的工作场鼓励他们发展。

拥有稳定脉搏的领导者明白，关注员工个人与职业发展能产生强大的作用。他们不会在看到员工季度绩效不佳时才去进行绩效与恢复力的谈话。相反，他们会在与直接下属每次一对一的沟通中检查与评估员工的进步情况。在教育领导者如何与员工就其职业发展开展教练风格的对话时，我特别注重培训他们对员工的核心恢复能力发展进行个人脉搏检查。我在本书中所陈述的五种核心脉搏能力，最终会给领导者和管理者提供一种切实可行的方式，针对每个人的独特天赋、优势与需要，以高度个性化的方式来讨论、监测其科学发展恢复力的情况。你的员工在发展稳定脉搏技能方面取得的进步，绝对需要你定期进行一对一的监测、评估、讨论与支持。

最终，拥有稳定脉搏的领导明白反馈在给员工清晰感与控制感方面的作用。就像好的教练一样，这些领导者通过与员工一起设定发展目标，然后以个性化、有意义的方式定期提供与这些目标有关的反馈，从而给员工提供支持。

提升主体感的稳定脉搏领导技能

确定具体角色。 确保每个团队成员都获得了具体的职位描述，了解各自的角色，意识到公司期待的各自所做贡献。

为团队提供合适工具。 为员工获得成功提供合适的工具，助力其在工作上取得成功。

> **提供足够的资源。**确保员工有足够的资金或其他资源来有效地执行策略。
>
> **为员工创造未来。**任何可能的情况下,确保工作流符合你员工的个人与职业发展目标。
>
> **相信员工能够做好工作。**避免过度指手画脚。如果你不信任员工,员工也不会信任你。
>
> **保持灵活性。**当截止日期或者目标不切实际时,对其进行修改确保可行性。
>
> **积极回应。**当团队压力增加和/或士气低落时,让员工参与改善工作条件。
>
> **保持合理的工作时间。**与员工接触时设定界限。除非绝对必要,避免在工作日晚上、周末或者假日因工作事联络员工。
>
> **在分配任务时务必实事求是。**将具有挑战性、但不会让人难以承担的工作委派给员工。
>
> **提供客观的反馈。**让你的员工明白你对他们的期望,以及他们如何能提升自己。

善意:不伤害

尽你所能,直至你了解得更多。当你了解得更多,做得也就更好。

——马娅·安杰卢(Maya Angelou)

随着新的工作世界带来的变化与破坏的加剧,信任、公平与认可等因素能够大大促进创建让人感到稳定、可靠的环境。善意指采用并支持能够反映信任的策略。相反,恶意指以别人为代价的机会主义行为。领导者或管理者是否有时会将员工的创意当作自己的创意?你所在组织的薪酬透明吗?你认为组织内谁承担着情绪劳动的主要压力?你是否注重公平、合理地处理晋升及绩效评估？是否有些员工的贡献得到认可，而其他人的努力却被忽视？

无论你的公司多么有声望，或者你给予了多少奖励，如果员工发现自己所在团队或机构缺乏善意，这些激励就不会长久。当员工发现自己同事不尊敬人，管理者在做欺诈的事情或者缺乏公平，他们必然会表现出微弱的个人脉搏。考虑到这一点，这一研究结果就不足为奇了：工作场所不公平或者无法实现他们宣扬的价值，会影响人员的心理健康，并最终影响他们的工作前景。正如本书引言所概述的，克里斯蒂娜·马斯拉奇教授的研究发现，员工与工作场所之间的六种不匹配情况会导致职业倦怠，其中三种为：缺乏公平，价值观冲突以及奖励不足。

那些容忍不公平、不诚实与缺乏适当认可的领导者实际上会对员工造成伤害。拥有稳定脉搏的组织会提高信任、开放、公平与尊重。善意的团队及工作场所文化重视每一位通过公平做法、价值观一致行动，以及员工认可而取得成功的人。我推荐这些管理方法来增强善意：

1.重视公平。

工作中的公平指公正适当。以下情况很容易让员工感觉不公正：工作量或者薪酬不平等，晋升处理不当，获取资源的机会不平等，荣誉不平衡，抱怨处理不当等。公平的做法与策略会带来尊重，而不公平则会造成员工情感压抑，情绪疲惫，以及管理层和员工之间的相互不信任。当员工得不到公平对待时，他们就觉得没有必要忠诚。只专注结果会向员工暗示，他们排在第二位。而公平有助于提高员工士气，因为它表明机会面前人人平等，没有暗箱操作。公平为员工在公司发展自我提供了明确的理由。

拥有稳定脉搏的领导明白，为员工提供明文规定的晋升标准，以及衡量绩效的清晰流程规范大大有利于建立信任。拥有稳定脉搏的领导者也乐意审视自己的偏见（例如偏爱），考虑他们是否有意或无意地以不公平的方式行事。他们使用客观标准来做出合理判断，并从同僚和其他人那里获取反馈，确保自己公平行事。

盖洛普发现，只有21%的员工非常同意他们能够控制自己的绩效指标。拥有稳定脉搏的领导明白，他们需要变得更像教练而非管理者，方式是定期与员工就其表现进行谈话，以培养出上下之间的合作模式。为此，拥有稳定脉搏的领导者会通过公开谈论福利、额外津贴与晋升机制来提高透明度。

需要留意的偏见类型

归因偏见。对于观察到的其他人的行为，人们往往从性格或个性的角度来解释，却忽视了其所处情境。

易得性偏见。人们在评估特定主题、概念、方法或决策时，往往将重点放在脑海中立即浮现的事例。

证实偏见。人们往往期待或者赞同那些证实自己已有信念的信息。

表象偏见。人们会根据他人的表面特征（衣服、着装或者说话风格）进行判断。

光环效应。当一个人表现出某个领域的突出能力时，人们会以为他在其他领域也有较强实力。

过度自信偏见。人们会过高估计自己的技能、能力、智力或者天赋。

相似性偏见。人们倾向于与自己相似的人。这可能意味着，人们雇佣或提拔与自己具有相同种族、性别、年龄或教育背景的人。

2.正直行事。

导致工作场所职业倦怠的另一个重要因素是价值观的不匹配。当员工对某件事情持有强烈的价值观，而领导要求该员工做一些与该价值观不一致的事情时，就会出现这种情况。而且，如果领导者的行动违背公司对外宣称，员工深信不疑的使命，就会导致价值观的不匹配。拥有稳定脉搏的领导明白言行一致的重要性，以真诚带领员工，勇于承担责任。这就意味着他们会下功夫增强自我觉察，包括监测自己的影响，并专注于自己的选择、行动与决定。

拥有稳定脉搏的领导者明白，他们还必须努力帮助员工找到与公司目的和目标一致的机会。他们有意识地努力将公司价值观纳入招聘流程，在沟通中强化公司的价值观。此外，他们愿意花时间去了解直接下属的核心价值观，并努力建立适合下属的工作条件。

高层领导者如果想要培养恢复力强的团队与组织，就需要确保自己的计划与选择是真诚地、经过深思熟虑做出的，符合公司的价值观。如果高层领导者经常宣扬组织注重员工幸福感与平衡，却不断地给予员工紧迫的截止日期及不合理的工作量，员工就会怀疑领导者言行不一。

3.认可、肯定和奖励成就。

如果员工的努力被忽视或者被低估，就不会想继续努力工作并为公司带来价值。当员工预计会得到不公平的回报时，他们的表现会更差（因此，他们所付出的努力与他们预期会打折的奖励相匹配），最终变得冷漠而且愤世嫉俗。反之，当员工感觉自己和自己的工作受到重视时，他们的满意度和工作效率就会提高，他们也就有动力去维持与改善自己的工作。例如，盖洛普发现，"每10个员工中，只有3个员工非常同意，他们在过去7天里因为出色完成工作而获得认可或者表扬。"报告接着说："当将这一数量由3个提高至6个时，组织的质量就会提高24%。缺勤率下降27%，规模缩小10%。"

拥有稳定脉搏的领导明白自己的工作是让员工感觉因其工作贡献而受到重视。他们认识到欣赏是人类的根本需要。他们还明白，认可员工的贡献并不只意味着金钱奖励；它还意味着社会奖励（例如：欣赏他们的工作）。拥有稳

你的职业脉搏稳定吗？

定脉搏的领导能很好地认可与奖励员工成就，他们明白，实现这一目标的第一步是集中注意力，切实寻求并且认出赞扬员工天赋的机会。领导者意识到，如果没有这种重要的行为，自己会很容易错过注意与欣赏某个人工作的机会。而且，拥有稳定脉搏的领导承认，认可需要有意义、个性化（而不是笼统与含糊的），并且要因人而异。

提升善意的稳定脉搏领导技能

做正确的事。 确保决策是公平而且合乎道德的。避免要求员工完成可能挑战其价值观或者有道德问题的任务。

承担责任。 承认你的错误，认识到你的局限性。

保持透明度。 定期传达你的目的。坦诚对待自己的员工。

使用客观标准。 在决策之前，制定清楚、公正的标准。

公平对待每个人。 不要厚此薄彼。建立你希望每个人尊重且遵守的团队规则。

始终如一地行事。 在你的行为、期望与选择上保持一致，而且说到做到。

增强自我觉察。 努力发现你的隐性与显性偏见。

不搬弄是非。 坚持诚实与保密。不与团队成员在背后谈论另一个团队成员。

庆祝。 在小事（以及大事）上庆祝团队进步。

承认、奖励与提升。 定期且适当地承认与奖赏每个员工对公司的贡献。

团体感：促进积极关系

我认为过去的领导力意味着"肌肉"，而今天的领导力意味着"与人相处"。

——圣雄甘地

员工的日常体验可以归结为同组织中其他人的联系与互动。这些人际交往在员工的组织体验中发挥着重要作用。员工发现自己所处的社交世界影响着他们的思维、情感与前景。正如我在第四章中所解释的，我们是社会性生物。忽视员工对联系的需要，就是忽视他们的人类本性。你是否创造出了员工可以真正了解彼此的环境？你是否每天接收信息的情况？你是否致力于建立心理安全、尊重不同意见的小组讨论氛围？你是否重视建立与加强那些尊重同情心和相互尊重的准则？如果团队成员犯错，你是否会对他抱有成见？

研究发现，团体感瓦解是员工与其工作之间主要不匹配之一，会导致职业倦怠。当团体感要素瓦解时，员工个人脉搏就会变弱，最终团队、业务单位与组织都会受到影响。反之，研究显示，当个人拥有与同事的牢固的联盟感时，他们会采取更多积极行动，使公司受益。团体感使忠诚的员工在以尊重与信任为基础的合作关系中工作，团队与组织也会增强他们的恢复力。

那些将员工作为资源而非人来对待的管理者与领导者，会使员工不乐于建立有意义的相互联系。当组织向其人员表现出较低承诺时，员工对彼此做出承诺的动力就会减少。如果团队和工作场所优先考虑归属感、心理安全并关爱全体员工，就会发现自己拥有由忠诚员工组成的活跃团体，这些员工会发自内心地改善积极关系。以下是增强团体感的领导与管理技能。

1.增强被接纳感与归属感。

当有认同感、安全感与被接纳感时，员工就会体会到安全与真诚支持的感觉。积极关系由此诞生。拥有稳定脉搏的领导认识到，建立人际关系与联结的内在渴望会激发员工的积极性。拥有稳定脉搏的领导还明白，拥有创造多样化工作场所的动机很重要，但这不够，他们还要齐心协力来创造一种文化，让每个人感觉自己受欢迎，而且有包容感与归属感。为了实现这一点，他们努力创造条件，提高真正的包容感与归属感，让来自所有团队的员工都有代表权与发言权。拥有稳定脉搏的领导明白，他们的关键作用就是制定这样一种团队与组织准则，即认可的价值，对不尊重行为零容忍，并让员工能放心地进行坦诚的谈话。

2.培养心理安全的条件。

正如本书前文提到的，哈佛商学院教授艾米·埃德蒙森创造了"心理安全"一词，将心理安全定义为"一种共同的信念，即相信在团队内的人际关系是安全的"。心理安全的环境能够使员工分享自我以及他们的想法，而不害怕会出现负面后果。以相互尊重和人际信任为基础的氛围，使团队能够利用各种想法与观点的力量，这反过来又会提高创造力与创新水平。这种参与感对于提高员工对公司的贡献热情大有裨益。拥有稳定脉搏的领导者明白，为员工创造安全、无偏见的空间来自由分享他们意见，能够产生同理心以及团体感。他们认识到，这很大程度上有赖于通过鼓励思想开放，相互学习，以及不必追求完美，确保每位员工的意见得到倾听。此外，拥有多样化的员工来源并不能保证你的员工有被接纳感或者归属感，因为如果一个人感到心理不安全，就很难感受到归属感。心理安全水平越高，团队与组织通过更强的被接纳感与归属感从多样化中受益的可能性就越高。

3.将员工作为"人"来关心。

你的员工是人，不是简单的资产或者使用的劳动力。他们需要知道，自己的领导者与组织将他们作为人来关心。组织或其领导者表达对员工的关心是一回事，进一步采取行动让员工实际上感受到被关心是另一回事。

拥有稳定脉搏的领导强调将员工作为人来了解，并对他们的生活表现出兴趣。他们了解员工的兴趣、激情、家庭与梦想，真心想要与团队建立起人际关系。他们记得员工的重要信息，例如生日、周年纪念及其他重要事项。拥有稳定脉搏的领导明白，尽管人际关系很重要，这并不意味着他们必须与员工亲密无间——他们只需要关心员工就可以了。

提升团体感的稳定脉搏领导技能

倾听。花点时间练习积极倾听你的员工。

平易近人。努力保持沟通渠道畅通，这样你的团队成员就会感觉他们可以找你谈话。

积极回应。当员工表达受挫或担心时，应予以解决。确保员工知道你在采取适当行为，或者解释你无法满足员工需要的原因。

对漠不关心的行为制定零容忍制度。如果团队成员暗中破坏、羞辱或阻挠其他人发声，例如表示"这个问题很荒谬"，领导者千万不要宽恕或者掉以轻心。领导者应予以介入，并分享这些话是如何阻碍创造力和创新的，包括分享关注点、想法与问题。领导者要鼓励那些富有成效而且经过深思熟虑的不同意见。

练习真正的好奇心。让团队成员认真考虑他们的想法与专业技能。

为弱点保留空间。制定准则，让自己的员工感觉他们不必隐藏自己的缺陷。

练习同情。注意你的员工什么时候在工作中遇到困难。

重视交叉与多样化的观点。千万不要忽视差异；相反，要强调多样性的价值。

认可勇敢行为。当团队成员提出新想法、问题或者分享过失，易受攻击时，领导者要承认与欣赏这些勇敢行为。

培养均衡的谈话氛围。注意你的团队是如何运行的。每个人都有表达意见的机会吗？是否有些人比其他人更沉默？努力为每个人创造平等的发言时间。

保持开放的头脑。用开放性问题来向员工学习。要求员工勇于冒险，认真思考，自由提出观点。

尊重员工工作之外的生活。允许员工休病假、心理健康日，允许员工灵活工作以照顾家庭，设置假期。

● 组织能做些什么

培养能够维持敬业度与高绩效的组织文化的关键是建立牢固的恢复力基础，为此需要做的不仅仅是缓解职业倦怠的驱动因素。我不会鼓励你采取修修补补的方式，相反我鼓励你问这个问题：我的组织如何能改善员工体验，找到并实施一套提高个人、团队与组织恢复力的技能？

好消息是：这样做的过程相当简单。我在这里要概述的步骤遵循基本设计思考原则。从本质上讲，我鼓励你将员工的体验视为产品。相应地，你的员工就是你的客户。你的设计目标是在保证系统中"缺陷"及其他"故障"最小化的同时，尽可能提升拥有稳定脉搏的组织与团队的主体感、善意与团体感，如图7-2所示。

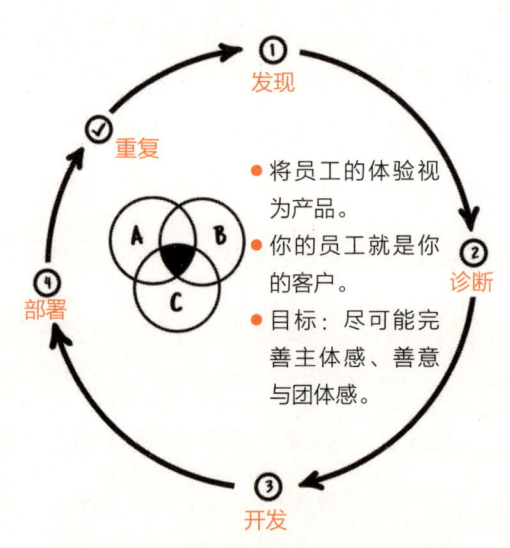

图7-2 拥有稳定脉搏的组织设计流程

设置阶段

收集合适的材料，为设计流程设置阶段。

第一步：创建员工体验旅程图。

- 通过练习绘制旅程图，从头到尾记录清楚你的员工体验。用户体验旅程图是一种著名的设计研究工具，用于深入了解客户（在这里，是你的员工）对服务、流程或者产品的体验，目标是利用可靠的改进措施为未来客户提供更好的体验。

- 通过记录员工从招聘到离职整个过程中经历的关键接触点，创建员工体验旅程图。许多员工体验旅程图包含如下阶段：招聘、入职、培训、绩效、职业发展、离职。务必记录员工独属的重要时刻。

第二步：制定或选择调查。

- 制定或授权调查，用于评估员工的职业倦怠与幸福感水平。

设计流程

为了进行持续（而非一次性）改善，实施四阶段循环系列步骤。

第一步：发现。

- 发出问卷调查，收集有关你的员工整体表现的定量数据。务必记录每个受访者所处的员工体验阶段。

- 从组织中选择具有代表性的员工进行定性采访，采访他们在每一个关键接触点对主体感、善意与团体感的体验。

- 收集见解与关键主题。

第二步：诊断。

- 检查调查结果，全面审视组织的健康状况。例如：组织中是否有哪些方面高于正常职业倦怠水平，或者高于正常员工幸福感水平？

- 在员工体验旅程图上绘制研究结果，找到员工体验的问题所在。例如：在员工体验的某个接触点是否存在着职业倦怠的问题？
- 在员工体验旅程图上绘制研究结果，找到员工体验中发挥作用的方面。例如：在员工体验中是否存在着与较高幸福感有关的接触点？

第三步：制定。

- 与组织中具有代表性的员工进行"客户共情"采访。
- 询问他们可能的解决方案，来弥补员工体验设计中的"缺陷"。例如：对于解决诊断阶段发现的问题，拥有稳定脉搏的领导技能的ABC中，哪一个可以产生最佳影响？
- 让员工参与制定解决方案。例如：如何利用这些信息来设计与提出对主体感、善意与团体感有意义的改变？

第四步：部署。

- 推出新的干预措施，监测与评估效果，以再次重复这个四步过程。

最后，不但健康计划可能有益，研究显示，领导者也可以产生显著影响。通过这一循环流程，你的组织能够形成脉搏稳定的员工体验，促进与培养基于恢复力的技能。这样，你就在所有三个层面（个人、团队和组织）建立了相互支持的流程，不但能够缓解职业倦怠的驱动因素，还能提高领导行为，进而可以提高个人与职业的成功活力。

致谢

在本书的创作过程中，许多人为我提供了大量支持，特此对以下各位表示由衷感谢：

无所畏惧的图书代理商米歇尔·马丁（Michele Martin），为我提供了图书出版领域很有见地的指导。非常出色的编辑谢丽尔·塞古拉（Cheryl Segura），从一开始就了解我在本书中的使命与愿景——真正实现最理想的思想交流。感谢二位对我本人以及我想通过本书所传递信息的信任。同时，感谢你们二位给予我足够的耐心和支持，让我能够在实现平衡、健康与自我照管的同时，把控出版过程。我也要感谢麦格劳—希尔（McGraw-Hill）的所有人员，尤其是唐雅·迪克森（Donya Dickerson），你们的努力使本书得以面世。你们都是各自领域的"摇滚明星"。

马特·柯克帕特里克（Matt Kirkpatrick）对我的原稿进行了逐页校对与编排，插图作者埃尔万·苏利西蒂奥（Erwan Sulisityo）使我的简图栩栩如生。还有本·布兰克（Ben Blank），很高兴能有机会和你一起交流创意想法。

职业妇女是我坚定的支持同盟，已经成为我的拥护者、决策咨询人与安全着陆点。对于你们给予我的归属感，我不胜感激。

我的母亲与父亲在此过程（以及我的其他"疯狂"的努力）中不仅给予我无限支持，而且你们的生平事迹与智慧，为我带来深远的意义与目标。我爱你们！

无数研究工作者与学者提出了许多重要的心理学概念，他们的工作为本书铺平了道路。

多年来，在我的教练生涯中，我的所有受训学员都表现得很开放，而且乐意参与其中，从他们身上，我学到了关于恢复力、行为变化与目标力量方面的许多东西，远超我的想象。

最后，对于这些年来我所了解和敬佩的世界所有教练，感谢你们展示了如何提升自我表现，并给学员带来了持久改变。